상상 그 이상

모두의 새롭고 유익한 즐거움이
비상의 즐거움이기에

아무도 해보지 못한 콘텐츠를 만들어
학교에 새로운 활기를 불어넣고

전에 없던 플랫폼을 창조하여
배움이 더 즐거워지는 자기주도학습 환경을
실현해왔습니다

이제, 비상은
더 많은 이들의 행복한 경험과
성장에 기여하기 위해

글로벌 교육 문화 환경의
상상 그 이상을 실현해 나갑니다

상상을 실현하는 교육 문화 기업 비상

개념＋연산 파워

초등수학

3·2

구성과 특징

1 전 단원 구성으로 교과 진도에 맞춘 학습!

2 키워드로 핵심 개념을 시각화하여 개념 기억력 강화!

3 '기초 드릴 빨강 연산 ▶ 스킬 업 노랑 연산 ▶ 문장제 플러스 초록 연산'으로 응용 연산력 완성!

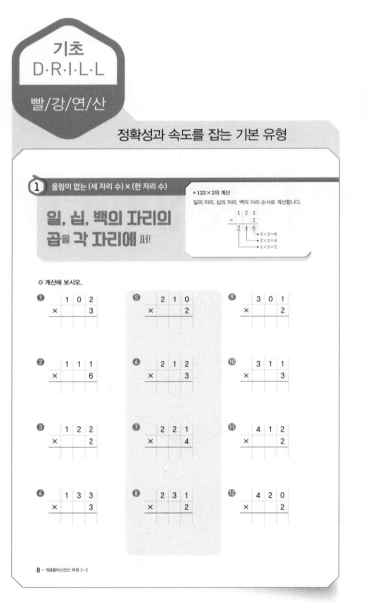

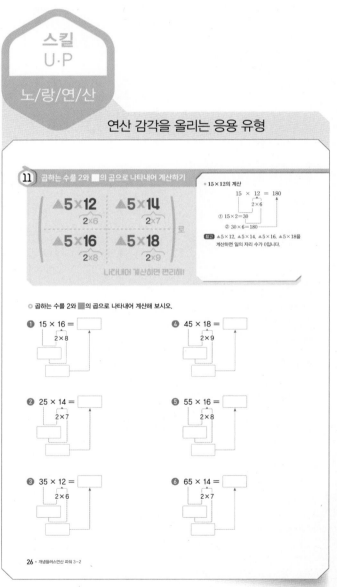

개념 + 연산 파워 로 응용 연산력을 완성해요!

문장제 P·L·U·S
초/록/연/산

문제해결력을 키우는 연산 문장제 유형

⑰ 곱셈 문장제

상자 수: ▲

한 상자에 들어 있는
감의 수: ■ ······

▲상자에 들어 있는 감의 수
■ × ▲

• 문제를 읽고 식을 세워 답 구하기
감이 한 상자에 106개씩 들어 있습니다.
2상자에 들어 있는 감은 모두 몇 개입니까?

식 106×2=212
답 212개

❶ 지수가 50원짜리 동전을 40개 모았습니다.
지수가 모은 돈은 모두 얼마입니까?

계산 공간

동전의 금액	동전의 수	지수가 모은 금액

식 ☐ × ☐ = ☐

답 :

❷ 학생들이 한 줄에 6명씩 27줄로 서 있습니다.
줄을 선 학생은 모두 몇 명입니까?

한 줄에 서 있는 학생 수	줄 수	줄을 선 학생 수

식 ☐ × ☐ = ☐

답 :

❸ 구슬을 한 봉지에 27개씩 15봉지에 담았습니다.
봉지에 담은 구슬은 모두 몇 개입니까?

한 봉지에 담은 구슬의 수	봉지의 수	15봉지에 담은 구슬의 수

식 ☐ × ☐ = ☐

답 :

평가
단원별 응용 연산력 평가

평가 **1. 곱셈**

◘ 계산해 보시오.

1
```
  2 0 8
×     2
```

2
```
  5 1 2
×     4
```

3
```
  4 0
× 5 0
```

4
```
  3 6
× 2 0
```

5
```
    7
× 2 9
```

6
```
  4 1
× 8 1
```

7 $124 \times 2 =$

8 $317 \times 3 =$

9 $481 \times 5 =$

10 $70 \times 40 =$

11 $93 \times 60 =$

12 $8 \times 64 =$

13 $73 \times 13 =$

14 $45 \times 68 =$

✱ 초/록/연/산은 수와 연산 단원에만 있음.

차례

개념+연산 파워 에서 배울 단원을 확인해요!

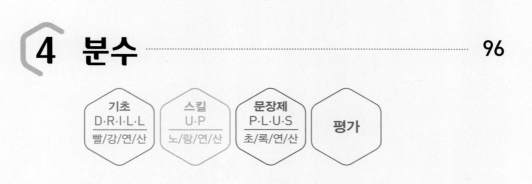
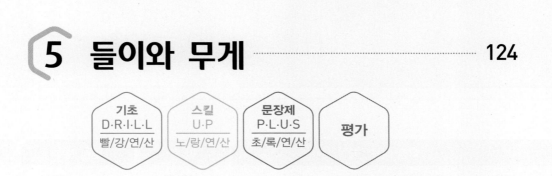

1

곱셈

학습 내용	일 차	맞힌 개수	걸린 시간
① 올림이 없는 (세 자리 수) × (한 자리 수)	1일 차	/33개	/10분
② 일의 자리에서 올림이 있는 (세 자리 수) × (한 자리 수)	2일 차	/33개	/11분
③ 십, 백의 자리에서 올림이 있는 (세 자리 수) × (한 자리 수)	3일 차	/33개	/12분
④ (몇십) × (몇십)	4일 차	/33개	/9분
⑤ (몇십몇) × (몇십)	5일 차	/33개	/11분
⑥ (몇) × (몇십몇)	6일 차	/33개	/11분
⑦ 올림이 한 번 있는 (몇십몇) × (몇십몇)	7일 차	/27개	/11분
⑧ 올림이 여러 번 있는 (몇십몇) × (몇십몇)	8일 차	/27개	/11분
⑨ 그림에서 두 수의 곱셈하기	9일 차	/14개	/10분
⑩ 두 수의 곱 구하기			
⑪ 곱하는 수를 2와 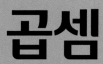의 곱으로 나타내어 계산하기	10일 차	/14개	/7분

◆ 맞힌 개수와 걸린 시간을 작성해 보세요.

학습 내용	일 차	맞힌 개수	걸린 시간
⑫ (몇십몇) × (몇십몇)에서 곱하는 수를 몇십으로 만들어 계산하기	11일 차	/12개	/9분
⑬ (몇십몇) × (몇십몇)에서 곱해지는 수를 몇십으로 만들어 계산하기			
⑭ 곱셈식 완성하기	12일 차	/12개	/14분
⑮ 곱이 가장 큰 곱셈식 만들기	13일 차	/12개	/15분
⑯ 곱이 가장 작은 곱셈식 만들기			
⑰ 곱셈 문장제	14일 차	/7개	/6분
⑱ 덧셈(뺄셈)과 곱셈 문장제	15일 차	/5개	/7분
⑲ 바르게 계산한 값 구하기	16일 차	/5개	/10분
평가 1. 곱셈	17일 차	/20개	/19분

개념플러스연산 파워 3-2

일, 십, 백의 자리의 곱을 각 자리에 써!

● **123 × 2의 계산**

일의 자리, 십의 자리, 백의 자리 순서로 계산합니다.

$$
\begin{array}{r}
1\ 2\ 3 \\
\times\qquad 2 \\
\hline
2\ 4\ 6
\end{array}
$$

- $3 \times 2 = 6$
- $2 \times 2 = 4$
- $1 \times 2 = 2$

○ 계산해 보시오.

1
$$
\begin{array}{r}
1\ 0\ 2 \\
\times\qquad 3 \\
\hline
\end{array}
$$

2
$$
\begin{array}{r}
1\ 1\ 1 \\
\times\qquad 6 \\
\hline
\end{array}
$$

3
$$
\begin{array}{r}
1\ 2\ 2 \\
\times\qquad 2 \\
\hline
\end{array}
$$

4
$$
\begin{array}{r}
1\ 3\ 3 \\
\times\qquad 3 \\
\hline
\end{array}
$$

5
$$
\begin{array}{r}
2\ 1\ 0 \\
\times\qquad 2 \\
\hline
\end{array}
$$

6
$$
\begin{array}{r}
2\ 1\ 2 \\
\times\qquad 3 \\
\hline
\end{array}
$$

7
$$
\begin{array}{r}
2\ 2\ 1 \\
\times\qquad 4 \\
\hline
\end{array}
$$

8
$$
\begin{array}{r}
2\ 3\ 1 \\
\times\qquad 2 \\
\hline
\end{array}
$$

9
$$
\begin{array}{r}
3\ 0\ 1 \\
\times\qquad 2 \\
\hline
\end{array}
$$

10
$$
\begin{array}{r}
3\ 1\ 1 \\
\times\qquad 3 \\
\hline
\end{array}
$$

11
$$
\begin{array}{r}
4\ 1\ 2 \\
\times\qquad 2 \\
\hline
\end{array}
$$

12
$$
\begin{array}{r}
4\ 2\ 0 \\
\times\qquad 2 \\
\hline
\end{array}
$$

⑬ 110×2=

⑭ 111×7=

⑮ 121×2=

⑯ 123×3=

⑰ 130×3=

⑱ 134×2=

⑲ 144×2=

⑳ 203×2=

㉑ 211×4=

㉒ 221×3=

㉓ 223×2=

㉔ 242×2=

㉕ 301×3=

㉖ 312×2=

㉗ 320×3=

㉘ 331×2=

㉙ 342×2=

㉚ 410×2=

㉛ 422×2=

㉜ 433×2=

㉝ 442×2=

일의 자리에서
올림한 수는
십의 자리의 곱에 더해!

● 135 × 2의 계산

일의 자리의 곱이 10이거나 10보다 크면 십의 자리에 올림한 수를 작게 쓰고, 십의 자리의 곱에 더합니다.

$$
\begin{array}{r}
\overset{1}{}\ \\
1\ 3\ 5 \\
\times 2 \\
\hline
2\ 7\ 0
\end{array}
$$

• 5 × 2 = 10
• 3 × 2 = 6, 6 + 1 = 7
• 1 × 2 = 2

○ 계산해 보시오.

❶
$$
\begin{array}{r}
1\ 1\ 2 \\
\times 5 \\
\hline
\end{array}
$$

❷
$$
\begin{array}{r}
1\ 2\ 4 \\
\times 3 \\
\hline
\end{array}
$$

❸
$$
\begin{array}{r}
1\ 3\ 7 \\
\times 2 \\
\hline
\end{array}
$$

❹
$$
\begin{array}{r}
1\ 4\ 8 \\
\times 2 \\
\hline
\end{array}
$$

❺
$$
\begin{array}{r}
2\ 0\ 5 \\
\times 4 \\
\hline
\end{array}
$$

❻
$$
\begin{array}{r}
2\ 1\ 4 \\
\times 3 \\
\hline
\end{array}
$$

❼
$$
\begin{array}{r}
2\ 2\ 5 \\
\times 3 \\
\hline
\end{array}
$$

❽
$$
\begin{array}{r}
2\ 3\ 7 \\
\times 2 \\
\hline
\end{array}
$$

❾
$$
\begin{array}{r}
3\ 1\ 5 \\
\times 2 \\
\hline
\end{array}
$$

❿
$$
\begin{array}{r}
3\ 2\ 6 \\
\times 3 \\
\hline
\end{array}
$$

⓫
$$
\begin{array}{r}
4\ 0\ 7 \\
\times 2 \\
\hline
\end{array}
$$

⓬
$$
\begin{array}{r}
4\ 3\ 5 \\
\times 2 \\
\hline
\end{array}
$$

⑬ $103 \times 7 =$

⑭ $114 \times 5 =$

⑮ $117 \times 4 =$

⑯ $125 \times 2 =$

⑰ $129 \times 3 =$

⑱ $136 \times 2 =$

⑲ $147 \times 2 =$

⑳ $207 \times 2 =$

㉑ $215 \times 3 =$

㉒ $219 \times 2 =$

㉓ $224 \times 4 =$

㉔ $229 \times 3 =$

㉕ $236 \times 2 =$

㉖ $247 \times 2 =$

㉗ $308 \times 3 =$

㉘ $316 \times 2 =$

㉙ $328 \times 3 =$

㉚ $347 \times 2 =$

㉛ $425 \times 2 =$

㉜ $438 \times 2 =$

㉝ $449 \times 2 =$

십의 자리에서 올림한 수는
백의 자리의 곱에 더하고,
백의 자리에서 올림한 수는
천의 자리에 써!

● 241 × 5의 계산

각 자리의 곱이 10이거나 10보다 크면 윗자리에 올림한 수를 작게 쓰고, 윗자리의 곱에 더합니다.

$$
\begin{array}{r}
\overset{2}{}\ \ \ \ \\
2\ 4\ 1 \\
\times 5 \\
\hline
1\ 2\ 0\ 5
\end{array}
$$

● 1 × 5 = 5
● 4 × 5 = 20
● 2 × 5 = 10, 10 + 2 = 12

○ 계산해 보시오.

①
$$
\begin{array}{r}
1\ 5\ 1 \\
\times 2 \\
\hline
\end{array}
$$

②
$$
\begin{array}{r}
1\ 7\ 2 \\
\times 3 \\
\hline
\end{array}
$$

③
$$
\begin{array}{r}
2\ 3\ 2 \\
\times 4 \\
\hline
\end{array}
$$

④
$$
\begin{array}{r}
3\ 6\ 2 \\
\times 2 \\
\hline
\end{array}
$$

⑤
$$
\begin{array}{r}
3\ 0\ 1 \\
\times 5 \\
\hline
\end{array}
$$

⑥
$$
\begin{array}{r}
3\ 1\ 2 \\
\times 4 \\
\hline
\end{array}
$$

⑦
$$
\begin{array}{r}
4\ 3\ 1 \\
\times 3 \\
\hline
\end{array}
$$

⑧
$$
\begin{array}{r}
5\ 3\ 3 \\
\times 2 \\
\hline
\end{array}
$$

⑨
$$
\begin{array}{r}
2\ 5\ 1 \\
\times 6 \\
\hline
\end{array}
$$

⑩
$$
\begin{array}{r}
3\ 3\ 2 \\
\times 4 \\
\hline
\end{array}
$$

⑪
$$
\begin{array}{r}
4\ 5\ 2 \\
\times 3 \\
\hline
\end{array}
$$

⑫
$$
\begin{array}{r}
5\ 7\ 3 \\
\times 2 \\
\hline
\end{array}
$$

⑬ 141×5=

⑭ 162×4=

⑮ 193×2=

⑯ 241×3=

⑰ 283×3=

⑱ 381×2=

⑲ 463×2=

⑳ 412×4=

㉑ 521×3=

㉒ 624×2=

㉓ 632×2=

㉔ 701×5=

㉕ 732×3=

㉖ 821×4=

㉗ 270×6=

㉘ 351×4=

㉙ 472×3=

㉚ 541×7=

㉛ 562×4=

㉜ 682×2=

㉝ 753×3=

(몇)×(몇)을 계산한 값에 0을 2개 붙여!

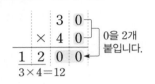
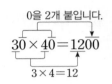

● 30×40의 계산

```
      3 0 ┐
  ×   4 0 ┘ 0을 2개
  ─────────  붙입니다.
  1 2 0 0
  3×4=12
```

```
        0을 2개 붙입니다.
  30 × 40 = 1200
      3×4=12
```

참고 ■0×▲0 ⇨ (■×▲)의 100배

○ 계산해 보시오.

❶
```
    1 0
×   3 0
─────────
```

❷
```
    1 0
×   4 0
─────────
```

❸
```
    2 0
×   1 0
─────────
```

❹
```
    2 0
×   3 0
─────────
```

❺
```
    3 0
×   5 0
─────────
```

❻
```
    3 0
×   7 0
─────────
```

❼
```
    4 0
×   4 0
─────────
```

❽
```
    4 0
×   7 0
─────────
```

❾
```
    5 0
×   6 0
─────────
```

❿
```
    6 0
×   2 0
─────────
```

⓫
```
    7 0
×   3 0
─────────
```

⓬
```
    8 0
×   2 0
─────────
```

⑬ $10 \times 50 =$

⑭ $10 \times 90 =$

⑮ $20 \times 60 =$

⑯ $20 \times 80 =$

⑰ $30 \times 20 =$

⑱ $30 \times 90 =$

⑲ $40 \times 60 =$

⑳ $40 \times 80 =$

㉑ $50 \times 30 =$

㉒ $50 \times 90 =$

㉓ $60 \times 50 =$

㉔ $60 \times 60 =$

㉕ $60 \times 90 =$

㉖ $70 \times 20 =$

㉗ $70 \times 50 =$

㉘ $70 \times 60 =$

㉙ $80 \times 30 =$

㉚ $80 \times 60 =$

㉛ $80 \times 80 =$

㉜ $90 \times 40 =$

㉝ $90 \times 70 =$

(몇십몇)×(몇)을
계산한 값에
0을 1개 붙여!

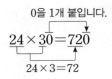

● 24 × 30의 계산

```
      2  4
  ×   3  0      0을 1개
  ────────      붙입니다.
  7  2  0
  24×3=72
```

```
                    0을 1개 붙입니다.
                  ┌──────┐
         24 × 30 = 720
         └─────────┘
           24×3=72
```

참고 ■▲ × ●0 ⇨ (■▲ × ●)의 10배

○ 계산해 보시오.

①
```
      1  2
  ×   8  0
```

②
```
      1  5
  ×   4  0
```

③
```
      2  1
  ×   6  0
```

④
```
      2  7
  ×   5  0
```

⑤
```
      3  4
  ×   2  0
```

⑥
```
      3  8
  ×   3  0
```

⑦
```
      4  2
  ×   7  0
```

⑧
```
      4  9
  ×   3  0
```

⑨
```
      5  6
  ×   4  0
```

⑩
```
      6  1
  ×   7  0
```

⑪
```
      7  3
  ×   6  0
```

⑫
```
      8  5
  ×   2  0
```

⑬ 13×20＝

⑭ 16×30＝

⑮ 22×40＝

⑯ 25×70＝

⑰ 31×80＝

⑱ 37×30＝

⑲ 43×50＝

⑳ 47×30＝

㉑ 52×40＝

㉒ 58×20＝

㉓ 62×90＝

㉔ 66×50＝

㉕ 72×80＝

㉖ 74×30＝

㉗ 79×20＝

㉘ 81×40＝

㉙ 83×50＝

㉚ 84×30＝

㉛ 92×60＝

㉜ 95×50＝

㉝ 97×40＝

맞힌 개수

6 (몇)×(몇십몇)

(몇십몇)=(몇십)+(몇)이니까

(몇)×(몇십)과
(몇)×(몇)을 더해!

● 5×26의 계산

```
        5
  ×  2  6  ← 20+6
     3  0  ● 5×6
  1  0  0  ● 5×20
  1  3  0
```

```
         3
         5
  ×   2  6
  1   3  0
```

○ 계산해 보시오.

❶
```
         2
  ×  1   3
```

❷
```
         2
  ×  2   4
```

❸
```
         3
  ×  1   5
```

❹
```
         3
  ×  3   2
```

❺
```
         4
  ×  2   7
```

❻
```
         4
  ×  5   1
```

❼
```
         5
  ×  4   2
```

❽
```
         5
  ×  7   3
```

❾
```
         6
  ×  3   9
```

❿
```
         7
  ×  1   6
```

⓫
```
         8
  ×  2   4
```

⓬
```
         9
  ×  4   1
```

⑬ $2 \times 32 =$

⑭ $2 \times 51 =$

⑮ $3 \times 46 =$

⑯ $3 \times 73 =$

⑰ $4 \times 36 =$

⑱ $4 \times 62 =$

⑲ $5 \times 19 =$

⑳ $5 \times 58 =$

㉑ $5 \times 83 =$

㉒ $6 \times 17 =$

㉓ $6 \times 56 =$

㉔ $6 \times 94 =$

㉕ $7 \times 25 =$

㉖ $7 \times 42 =$

㉗ $7 \times 61 =$

㉘ $8 \times 34 =$

㉙ $8 \times 72 =$

㉚ $8 \times 85 =$

㉛ $9 \times 21 =$

㉜ $9 \times 53 =$

㉝ $9 \times 87 =$

7 올림이 한 번 있는 (몇십몇)×(몇십몇)

곱하는 수 (몇십몇)=(몇십)+(몇)이니까

(몇십몇)×(몇십)과
(몇십몇)×(몇)을 더해!

● 16×21의 계산

```
      1 6
  ×   2 1  → 20+1
      1 6  → 16×1
    3 2 0  → 16×20
    3 3 6
```

○ 계산해 보시오.

❶
```
      1 2
  ×   2 5
```

❷
```
      2 9
  ×   2 1
```

❸
```
      3 1
  ×   1 6
```

❹
```
      4 1
  ×   5 2
```

❺
```
      5 3
  ×   1 2
```

❻
```
      6 1
  ×   1 9
```

❼
```
      7 2
  ×   1 2
```

❽
```
      8 2
  ×   3 1
```

❾
```
      9 1
  ×   1 9
```

⑩ $12 \times 53 =$

⑪ $13 \times 42 =$

⑫ $16 \times 16 =$

⑬ $19 \times 41 =$

⑭ $21 \times 54 =$

⑮ $23 \times 43 =$

⑯ $27 \times 31 =$

⑰ $32 \times 14 =$

⑱ $37 \times 21 =$

⑲ $41 \times 17 =$

⑳ $43 \times 13 =$

㉑ $51 \times 21 =$

㉒ $52 \times 14 =$

㉓ $61 \times 51 =$

㉔ $63 \times 13 =$

㉕ $74 \times 12 =$

㉖ $81 \times 15 =$

㉗ $92 \times 41 =$

올림이 한 번 있는
(몇십몇) × (몇십몇)과 같이 계산하고,
올림한 수를 잊지 마!

● 25 × 36의 계산

```
      2 5
  ×   3 6  ← 30+6
  1 5 0   ← 25×6
  7 5 0   ← 25×30
  9 0 0
```

○ 계산해 보시오.

❶
```
      1 4
  ×   5 9
```

❷
```
      2 3
  ×   4 7
```

❸
```
      3 8
  ×   3 2
```

❹
```
      4 5
  ×   2 9
```

❺
```
      5 7
  ×   8 2
```

❻
```
      6 4
  ×   7 2
```

❼
```
      7 5
  ×   2 7
```

❽
```
      8 6
  ×   5 4
```

❾
```
      9 2
  ×   3 8
```

⑩ $15 \times 24 =$

⑪ $19 \times 32 =$

⑫ $22 \times 57 =$

⑬ $25 \times 63 =$

⑭ $35 \times 82 =$

⑮ $37 \times 64 =$

⑯ $42 \times 45 =$　맞힌 개수

⑰ $48 \times 29 =$

⑱ $53 \times 38 =$

⑲ $59 \times 46 =$

⑳ $62 \times 33 =$

㉑ $68 \times 42 =$

㉒ $73 \times 52 =$

㉓ $76 \times 43 =$

㉔ $84 \times 26 =$

㉕ $87 \times 53 =$

㉖ $93 \times 62 =$

㉗ $95 \times 39 =$

개념플러스연산 파워 3-2

화살표 방향에 따라 곱셈식을 세워!

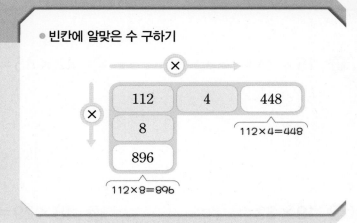
○ 빈칸에 알맞은 수를 써넣으시오.

❶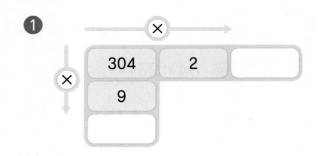

❹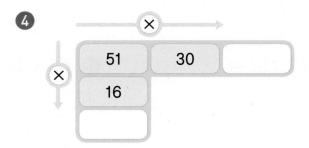

❷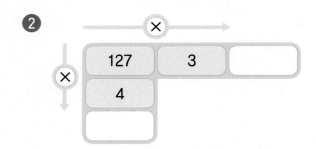

❺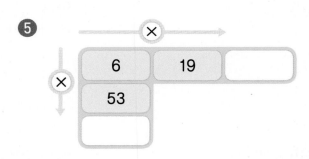

❸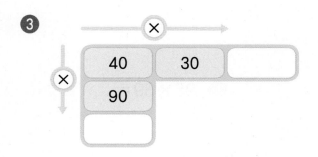

❻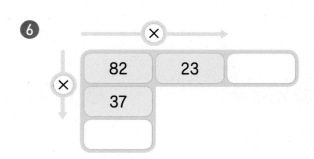

10 두 수의 곱 구하기

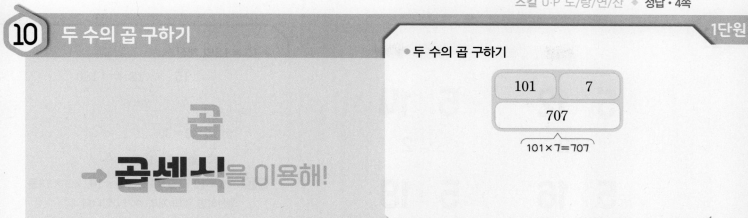

곱
→ **곱셈식**을 이용해!

● 두 수의 곱 구하기

101	7
707	

$101 \times 7 = 707$

○ 빈칸에 두 수의 곱을 써넣으시오.

7

210	3

8

104	9

9

361	7

10

50	80

11

72	50

12

3	85

13

62	21

14

23	95

11 곱하는 수를 2와 ■의 곱으로 나타내어 계산하기

로

나타내어 계산하면 편리해!

● 15 × 12의 계산

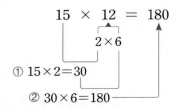

$$15 \times 12 = 180$$
$$2 \times 6$$
① $15 \times 2 = 30$
② $30 \times 6 = 180$

참고 ▲5×12, ▲5×14, ▲5×16, ▲5×18을 계산하면 일의 자리 수가 0입니다.

○ 곱하는 수를 2와 ■의 곱으로 나타내어 계산해 보시오.

❶ 15 × 16 = ☐
    2 × 8

❹ 45 × 18 = ☐
    2 × 9

❷ 25 × 14 = ☐
    2 × 7

❺ 55 × 16 = ☐
    2 × 8

❸ 35 × 12 = ☐
    2 × 6

❻ 65 × 14 = ☐
    2 × 7

7 15 × 14 = ☐

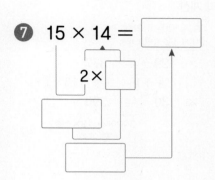

11 45 × 16 = ☐

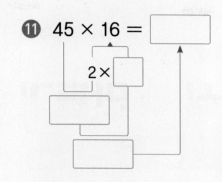

8 25 × 16 = ☐

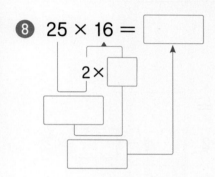

12 55 × 18 = ☐

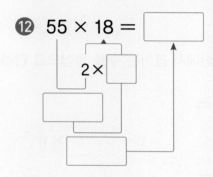

9 35 × 18 = ☐

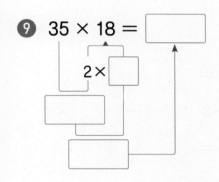

13 65 × 12 = ☐

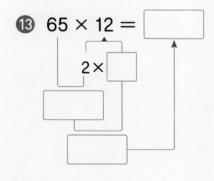

10 45 × 12 = ☐

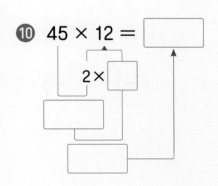

14 75 × 14 = ☐

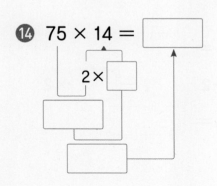

12 (몇십몇) × (몇십몇)에서 곱하는 수를 몇십으로 만들어 계산하기

●×▲에서 ▲를

몇십으로 만들기 위해

▲에 ■를 더했으면

계산 결과에서 ●×■를 빼!

● 13 × 29의 계산

30을 만들기 위해
29에 1을 더합니다.

$$13 \times 29 = 377$$

↓ +1 ↑ -13×1

$$13 \times 30 = 390$$

390에서 13×1을
뺍니다.

○ (몇십몇) × (몇십몇)에서 곱하는 수를 몇십으로 만들어 계산해 보시오.

① $26 \times 19 = \boxed{}$

↓ +1   ↑ $- \boxed{} \times 1$

$26 \times 20 = \boxed{}$

④ $53 \times 48 = \boxed{}$

↓ +2   ↑ $- \boxed{} \times 2$

$53 \times 50 = \boxed{}$

② $35 \times 29 = \boxed{}$

↓ +1   ↑ $- \boxed{} \times 1$

$35 \times 30 = \boxed{}$

⑤ $22 \times 37 = \boxed{}$

↓ +3   ↑ $- \boxed{} \times 3$

$22 \times 40 = \boxed{}$

③ $41 \times 38 = \boxed{}$

↓ +2   ↑ $- \boxed{} \times 2$

$41 \times 40 = \boxed{}$

⑥ $61 \times 57 = \boxed{}$

↓ +3   ↑ $- \boxed{} \times 3$

$61 \times 60 = \boxed{}$

13 (몇십몇) × (몇십몇)에서 곱해지는 수를 몇십으로 만들어 계산하기

● × ▲에서 ●를

몇십으로 만들기 위해

●에 ■를 더했으면

계산 결과에서 ■ × ▲를 빼!

● **19 × 56의 계산**

20을 만들기 위해
19에 1을 더합니다.

$$19 \times 56 = 1064$$
$$\downarrow +1 \qquad \uparrow -1 \times 56$$
$$20 \times 56 = 1120$$

1120에서 1 × 56을
뺍니다.

○ (몇십몇) × (몇십몇)에서 곱해지는 수를 몇십으로 만들어 계산해 보시오.

7 $29 \times 33 = \boxed{}$

$\downarrow +1 \qquad \uparrow -1 \times \boxed{}$

$30 \times 33 = \boxed{}$

10 $68 \times 71 = \boxed{}$

$\downarrow +2 \qquad \uparrow -2 \times \boxed{}$

$70 \times 71 = \boxed{}$

8 $59 \times 62 = \boxed{}$

$\downarrow +1 \qquad \uparrow -1 \times \boxed{}$

$60 \times 62 = \boxed{}$

11 $47 \times 56 = \boxed{}$

$\downarrow +3 \qquad \uparrow -3 \times \boxed{}$

$50 \times 56 = \boxed{}$

9 $38 \times 24 = \boxed{}$

$\downarrow +2 \qquad \uparrow -2 \times \boxed{}$

$40 \times 24 = \boxed{}$

12 $77 \times 12 = \boxed{}$

$\downarrow +3 \qquad \uparrow -3 \times \boxed{}$

$80 \times 12 = \boxed{}$

곱셈에서

올림이 있으면

올림한 수를 주의해!

- '32□×3=□81'에서 □의 값 구하기

$$
\begin{array}{r}
3\ 2\ ⊙ \\
\times\qquad 3 \\
\hline
ⓛ\ 8\ 1
\end{array}
$$

- ⊙×3의 일의 자리 수: 1 ⇨ ⊙=7
- 327×3=981 ⇨ ⓛ=9

○ 곱셈식을 완성해 보시오.

❶
$$
\begin{array}{r}
2\ 0\ \square \\
\times\qquad 3 \\
\hline
\square\ 2\ 7
\end{array}
$$

❷
$$
\begin{array}{r}
4\ 9\ 6 \\
\times\qquad \square \\
\hline
2\ 4\ \square\ 0
\end{array}
$$

❸
$$
\begin{array}{r}
3\ \square \\
\times\ 2\ 0 \\
\hline
7\ 4\ \square
\end{array}
$$

❹
$$
\begin{array}{r}
7\ 3 \\
\times\ \square\ 0 \\
\hline
\square\ 9\ 2\ 0
\end{array}
$$

❺
$$
\begin{array}{r}
\square \\
\times\ 3\ 4 \\
\hline
1\ \square\ 6
\end{array}
$$

❻
$$
\begin{array}{r}
6 \\
\times\ 7\ \square \\
\hline
\square\ 3\ 2
\end{array}
$$

7
```
    1 □
  ×  4 7
  -------
    □ 4
  □ 8 0
  -------
  5 6 4
```

10
```
      3 □
    ×  5 2
    -------
      □ 2
  1 □ 0 0
    -------
  1 8 7 2
```

8
```
    5 3
  ×  1 □
  -------
  □ 5 9
  5 □ 0
  -------
  6 8 9
```

11
```
      6 8
    ×  2 □
    -------
    □ 7 2
  1 3 □ 0
    -------
  1 6 3 2
```

9
```
    8 2
  ×  □ 2
  -------
  1 6 □
  □ 2 0
  -------
  9 8 4
```

12
```
      7 7
    ×  □ 9
    -------
    6 9 □
  □ 0 8 0
    -------
  3 7 7 3
```

네 수 ①, ②, ③, ④가 ④＞③＞②＞①＞0일 때

곱이 가장 큰
(세 자리 수)×(한 자리 수)

③②①×④

가장
큰 수

곱이 가장 큰
(몇십몇)×(몇십몇)

④②×③①

또는

④①×③②

가장
큰 수

두 번째로
큰 수

● 수 카드 4장을 한 번씩만 사용하여
곱이 가장 큰 곱셈식 만들기

1 4 6 8 → 8＞6＞4＞1

• 곱이 가장 큰 (세 자리 수)×(한 자리 수)
⇨ 641×8＝5128

• 곱이 가장 큰 (몇십몇)×(몇십몇)
84×61＝5124 ⌉
81×64＝5184 ⌋ • 5124＜5184
⇨ 81×64＝5184

○ 수 카드 4장을 한 번씩만 사용하여 곱이 가장 큰 곱셈식을 만들고 계산해 보시오.

❶ 2 1 7 5

☐☐☐×☐

(   )

❹ 9 3 1 4

☐☐×☐☐

(   )

❷ 3 6 2 9

☐☐☐×☐

(   )

❺ 7 4 8 5

☐☐×☐☐

(   )

❸ 5 4 7 2

☐☐☐×☐

(   )

❻ 8 2 9 6

☐☐×☐☐

(   )

16 곱이 가장 작은 곱셈식 만들기

네 수 ①, ②, ③, ④가 ④>③>②>①>0일 때

곱이 가장 작은
(세 자리 수)×(한 자리 수)

②③④×①
가장
작은 수

곱이 가장 작은
(몇십몇)×(몇십몇)

①③×②④
또는
①④×②③
가장   두 번째로
작은 수   작은 수

• 수 카드 4장을 한 번씩만 사용하여
곱이 가장 작은 곱셈식 만들기

2 3 7 9 → 9>7>3>2

• 곱이 가장 작은 (세 자리 수)×(한 자리 수)
⇨ 379×2=758

• 곱이 가장 작은 (몇십몇)×(몇십몇)
27×39=1053
29×37=1073 → 1053<1073
⇨ 27×39=1053

○ 수 카드 4장을 한 번씩만 사용하여 곱이 가장 작은 곱셈식을 만들고 계산해 보시오.

⑦

7 6 2 5

☐☐☐×☐

(   )

⑧
4 2 9 6

☐☐☐×☐

(   )

⑨
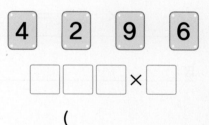
3 8 5 7

☐☐☐×☐

(   )

⑩
6 1 4 3

☐☐×☐☐

(   )

⑪
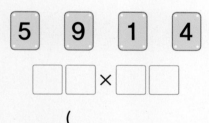
5 9 1 4

☐☐×☐☐

(   )

⑫
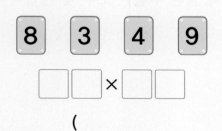
8 3 4 9

☐☐×☐☐

(   )

17 곱셈 문장제

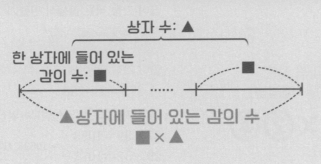

상자 수: ▲

한 상자에 들어 있는
감의 수: ■

▲상자에 들어 있는 감의 수
■×▲

● 문제를 읽고 식을 세워 답 구하기

감이 한 상자에 106개씩 들어 있습니다.
2상자에 들어 있는 감은 모두 몇 개입니까?

식 106×2＝212

답 212개

 지수가 50원짜리 동전을 40개 모았습니다.
지수가 모은 돈은 모두 얼마입니까?

✎ 계산 공간

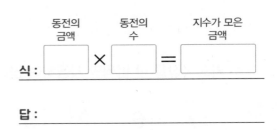

동전의 금액		동전의 수		지수가 모은 금액

식 : ☐ × ☐ = ☐

답 :

 학생들이 한 줄에 6명씩 27줄로 서 있습니다.
줄을 선 학생은 모두 몇 명입니까?

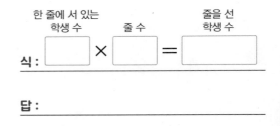

한 줄에 서 있는 학생 수		줄 수		줄을 선 학생 수

식 : ☐ × ☐ = ☐

답 :

 구슬을 한 봉지에 27개씩 15봉지에 담았습니다.
봉지에 담은 구슬은 모두 몇 개입니까?

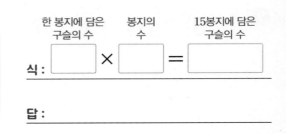

한 봉지에 담은 구슬의 수		봉지의 수		15봉지에 담은 구슬의 수

식 : ☐ × ☐ = ☐

답 :

④ 아이스크림 한 컵의 무게가 129 g입니다.
이 아이스크림 5컵의 무게는 모두 몇 g입니까?

식 : _____

답 : _____

⑤ 혜진이가 동화책을 하루에 48쪽씩 읽으려고 합니다.
30일 동안 읽을 수 있는 동화책은 모두 몇 쪽입니까?

식 : _____

답 : _____

⑥ 연필을 한 명당 8자루씩 62명에게 주려고 합니다.
필요한 연필은 모두 몇 자루입니까?

식 : _____

답 : _____

⑦ 털실 16 m로 모자 한 개를 만들 수 있습니다.
똑같은 모자 23개를 만드는 데 필요한 털실은 모두 몇 m입니까?

식 : _____

답 : _____

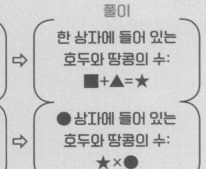

18 덧셈(뺄셈)과 곱셈 문장제

문제 파헤치기

한 상자에 호두 ■개와 땅콩 ▲개가 들어 있습니다.

⇨

풀이

한 상자에 들어 있는 호두와 땅콩의 수:
■+▲=★

● 상자에 들어 있는 호두와 땅콩은 모두 몇 개입니까?

⇨

● 상자에 들어 있는 호두와 땅콩의 수:
★×●

● 문제를 읽고 해결하기

한 상자에 호두 80개와 땅콩 52개가 들어 있습니다.
4상자에 들어 있는 호두와 땅콩은 모두 몇 개입니까?

풀이 (한 상자에 들어 있는 호두와 땅콩의 수)
=80+52=132(개)
⇨ (4상자에 들어 있는 호두와 땅콩의 수)
=132×4=528(개)

답 528개

---

1 예지네 반 남학생은 12명이고, 여학생은 8명입니다.
예지네 반 학생들에게 색종이를 한 명당 40장씩 나누어 주려면
필요한 색종이는 모두 몇 장입니까?

✎ 풀이 공간

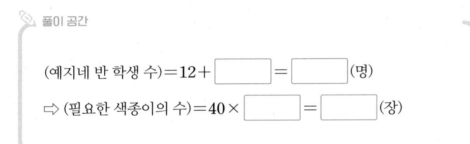

(예지네 반 학생 수)=12+☐=☐(명)

⇨ (필요한 색종이의 수)=40×☐=☐(장)

답 : ＿＿＿＿＿＿＿＿

---

2 세호는 사탕 20봉지 중에서 동생에게 5봉지를 주었습니다.
한 봉지에 사탕이 9개씩 들어 있다면 세호에게 남은 사탕은 모두 몇 개입니까?

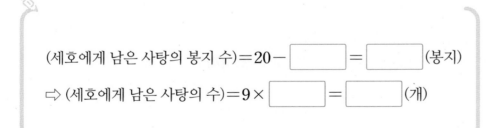

(세호에게 남은 사탕의 봉지 수)=20-☐=☐(봉지)

⇨ (세호에게 남은 사탕의 수)=9×☐=☐(개)

답 : ＿＿＿＿＿＿＿＿

❸ 선물 상자 한 개를 포장하는 데 빨간색 끈 76 cm와 노란색 끈 85 cm가 필요합니다.
똑같은 선물 상자 3개를 포장하는 데 필요한 끈은 모두 몇 cm입니까?

답 : _____

❹ 과일 가게에서 귤을 어제는 14상자, 오늘은 16상자 팔았습니다.
귤이 한 상자에 75개씩 들어 있다면
어제와 오늘 과일 가게에서 판 귤은 모두 몇 개입니까?

답 : _____

❺ 학생들이 현장 체험 학습을 가려고 45명씩 탈 수 있는 버스 13대에 나누어 탔습니다.
버스마다 4자리씩 비어 있다면 버스에 탄 학생은 모두 몇 명입니까?

답 : _____

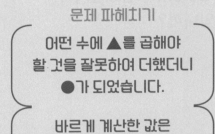

문제 파헤치기

어떤 수에 ▲를 곱해야
할 것을 잘못하여 더했더니
●가 되었습니다.

바르게 계산한 값은
얼마입니까?

풀이

잘못 계산한 식:
(어떤 수)+▲=●

바르게 계산한 식:
(어떤 수)×▲

● 문제를 읽고 해결하기

어떤 수에 3을 곱해야 할 것을 잘못하여 더했더니 219가 되었습니다.
바르게 계산한 값은 얼마입니까?

어떤 수
풀이 □+3=219
⇨ 219-3=□, □=216
따라서 바르게 계산한 값은
216×3=648입니다.

답 648

---

1 어떤 수에 20을 곱해야 할 것을 잘못하여 더했더니 93이 되었습니다.
바르게 계산한 값은 얼마입니까?

✎ 풀이 공간

어떤 수
■+20=[ ] ⇨ [ ]-20=■, ■=[ ]

따라서 바르게 계산한 값은 [ ]×20=[ ]입니다.

답 : _____

---

2 31에 어떤 수를 곱해야 할 것을 잘못하여 더했더니 69가 되었습니다.
바르게 계산한 값은 얼마입니까?

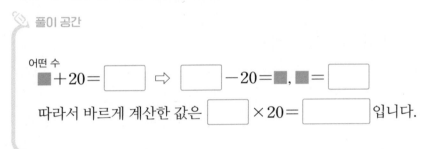

어떤 수
31+■=[ ] ⇨ [ ]-31=■, ■=[ ]

따라서 바르게 계산한 값은 31×[ ]=[ ]입니다.

답 : _____

③ 어떤 수에 6을 곱해야 할 것을 잘못하여 더했더니 351이 되었습니다.
바르게 계산한 값은 얼마입니까?

답 : _____

④ 어떤 수에 15를 곱해야 할 것을 잘못하여 더했더니 23이 되었습니다.
바르게 계산한 값은 얼마입니까?

답 : _____

⑤ 56에 어떤 수를 곱해야 할 것을 잘못하여 더했더니 80이 되었습니다.
바르게 계산한 값은 얼마입니까?

답 : _____

○ 계산해 보시오.

1
```
      2 0 8
    ×     2
```

2
```
      5 1 2
    ×     4
```

3
```
      4 0
    × 5 0
```

4
```
      3 6
    × 2 0
```

5
```
        7
    × 2 9
```

6
```
      4 1
    × 8 1
```

7 $124 \times 2 =$

8 $317 \times 3 =$

9 $481 \times 5 =$

10 $70 \times 40 =$

11 $93 \times 60 =$

12 $8 \times 64 =$

13 $73 \times 13 =$

14 $45 \times 68 =$

15 밤이 한 상자에 105개씩 들어 있습니다. 6상자에 들어 있는 밤은 모두 몇 개입니까?

식 _____

답 _____

18 저금통에 50원짜리 동전이 100개 들어 있었습니다. 그중에서 50개를 꺼냈다면 저금통에 남은 돈은 얼마입니까?

(   )

16 공책을 한 명당 12권씩 26명에게 주려고 합니다. 필요한 공책은 모두 몇 권입니까?

식 _____

답 _____

19 어떤 수에 70을 곱해야 할 것을 잘못하여 더했더니 108이 되었습니다. 바르게 계산한 값은 얼마입니까?

(   )

17 장난감을 한 시간에 ㉮ 공장에서는 125개, ㉯ 공장에서는 96개씩 만든다고 합니다. 두 공장에서 8시간 동안 만드는 장난감은 모두 몇 개입니까?

(   )

20 수 카드 4장을 한 번씩만 사용하여 곱이 가장 큰 곱셈식을 만들고 계산해 보시오.

| 2 | 7 | 9 | 3 |

□□ × □□

(   )

2

나눗셈

학습 내용	일 차	맞힌 개수	걸린 시간
① 내림이 없는 (몇십)÷(몇)	1일 차	/22개	/9분
② 내림이 있는 (몇십)÷(몇)			
③ 내림이 없는 (몇십몇)÷(몇)	2일 차	/30개	/9분
④ 내림이 있는 (몇십몇)÷(몇)	3일 차	/30개	/12분
⑤ 내림이 없고 나머지가 있는 (몇십몇)÷(몇)	4일 차	/30개	/10분
⑥ 내림이 있고 나머지가 있는 (몇십몇)÷(몇)	5일 차	/30개	/13분
⑦ 나머지가 없는 (세 자리 수)÷(한 자리 수)	6일 차	/30개	/13분
⑧ 나머지가 있는 (세 자리 수)÷(한 자리 수)	7일 차	/30개	/14분
⑨ 계산이 맞는지 확인하기	8일 차	/16개	/11분
⑩ 큰 수를 작은 수로 나눈 몫 구하기	9일 차	/14개	/13분
⑪ 그림에서 두 수의 나눗셈하기			

● 맞힌 개수와 걸린 시간을 작성해 보세요.

① 내림이 없는 (몇십)÷(몇)

(몇)÷(몇)을 계산한 값에

0을 1개 붙여!

• 60÷3의 계산

$60 \div 3 = 20$

$6 \div 3 = 2$

나눗셈식을 세로로 쓰는 방법

나누는 수 • $3\overline{\smash{)}60}$ •나누어지는 수

$\dfrac{6}{0}$

20 → 몫

○ 계산해 보시오.

①

$2\overline{\smash{)}40}$

②

$5\overline{\smash{)}50}$

③

$8\overline{\smash{)}80}$

④ $20 \div 2 =$

⑤ $30 \div 3 =$

⑥ $60 \div 2 =$

⑦ $60 \div 6 =$

⑧ $70 \div 7 =$

⑨ $80 \div 4 =$

⑩ $90 \div 3 =$

⑪ $90 \div 9 =$

2 내림이 있는 (몇십)÷(몇)

나누어지는 수의 십의 자리 수를 나눈 몫은

십의 자리에,

십의 자리에서 남은 수와 0을 내려 나눈 몫은

일의 자리에 써!

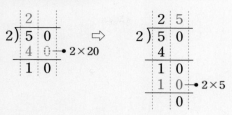

● 50÷2의 계산

$50 \div 2 = 25$

○ 계산해 보시오.

⑫

2) 3 0

⑬

4) 6 0

⑭

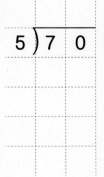

5) 7 0

⑮ 60÷4=

⑯ 60÷5=

⑰ 70÷2=

⑱ 70÷5=

⑲ 80÷5=

⑳ 90÷2=

㉑ 90÷5=

㉒ 90÷6=

나누어지는 수의 십의 자리 수를 나눈 몫은

십의 자리에,

일의 자리 수를 나눈 몫은

일의 자리에 써!

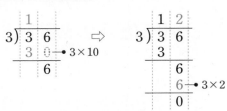

● **36 ÷ 3의 계산**

$$36 \div 3 = 12$$

○ 계산해 보시오.

❶

$$2 \overline{)2\ 2}$$

❷

$$2 \overline{)2\ 4}$$

❸

$$3 \overline{)3\ 9}$$

❹

$$2 \overline{)4\ 2}$$

❺

$$2 \overline{)4\ 8}$$

❻

$$5 \overline{)5\ 5}$$

❼

$$3 \overline{)6\ 3}$$

❽

$$7 \overline{)7\ 7}$$

❾

$$4 \overline{)8\ 8}$$

⑩ $26 \div 2 =$

⑪ $28 \div 2 =$

⑫ $33 \div 3 =$

⑬ $44 \div 2 =$

⑭ $44 \div 4 =$

⑮ $46 \div 2 =$

⑯ $48 \div 4 =$

⑰ $62 \div 2 =$

⑱ $64 \div 2 =$

⑲ $66 \div 3 =$

⑳ $68 \div 2 =$

㉑ $69 \div 3 =$

㉒ $82 \div 2 =$

㉓ $84 \div 2 =$

㉔ $84 \div 4 =$

㉕ $86 \div 2 =$

㉖ $88 \div 2 =$

㉗ $88 \div 8 =$

㉘ $93 \div 3 =$

㉙ $96 \div 3 =$

㉚ $99 \div 3 =$

4 내림이 있는 (몇십몇)÷(몇)

나누어지는 수의 십의 자리 수를 나눈 몫은

십의 자리에,

십의 자리에서 남은 수와 일의 자리 수를 내려

나눈 몫은 **일의 자리에** 써!

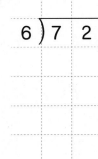

● 54÷2의 계산

$$54 \div 2 = 27$$

○ 계산해 보시오.

1

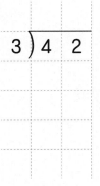

$$2) \overline{3 \quad 2}$$

2

$$2) \overline{3 \quad 4}$$

3

$$3) \overline{4 \quad 2}$$

4

$$3) \overline{4 \quad 8}$$

5

$$4) \overline{5 \quad 2}$$

6

$$2) \overline{5 \quad 6}$$

7

$$5) \overline{6 \quad 5}$$

8

$$6) \overline{7 \quad 2}$$

9

$$2) \overline{7 \quad 8}$$

⑩ 36÷2=

⑪ 38÷2=

⑫ 45÷3=

⑬ 54÷3=

⑭ 56÷4=

⑮ 57÷3=

⑯ 58÷2=

⑰ 64÷4=

⑱ 72÷2=

⑲ 75÷5=

⑳ 78÷3=

㉑ 81÷3=

㉒ 84÷6=

㉓ 85÷5=

㉔ 87÷3=

㉕ 91÷7=

㉖ 92÷4=

㉗ 95÷5=

㉘ 96÷4=

㉙ 96÷8=

㉚ 98÷2=

나머지는 나누는 수보다 항상 작아!

- **17÷5의 계산**
- 17을 5로 나누면 **몫**은 3이고 2가 남습니다.
  이때 2를 17÷5의 **나머지**라고 합니다.

$$\begin{array}{r} 3 \text{ —• 몫} \\ 5\overline{)17} \\ 1\,5 \\ \hline 2 \text{ —• 나머지} \end{array}$$

$17÷5=3\cdots2$
몫 •┘ └• 나머지

- 나머지가 없으면 나머지가 0이라고 말할 수 있습니다.
  나머지가 0일 때, **나누어떨어진다**고 합니다.

○ 계산해 보시오.

❶
$$3\overline{)1\ 6}$$

❷
$$4\overline{)2\ 5}$$

❸
$$5\overline{)3\ 3}$$

❹
$$6\overline{)4\ 6}$$

❺
$$7\overline{)5\ 8}$$

❻
$$8\overline{)6\ 1}$$

❼
$$2\overline{)2\ 7}$$

❽
$$4\overline{)4\ 7}$$

❾
$$3\overline{)6\ 5}$$

⑩ $13 \div 2 =$

⑪ $19 \div 4 =$

⑫ $26 \div 3 =$

⑬ $28 \div 5 =$

⑭ $31 \div 6 =$

⑮ $37 \div 7 =$

⑯ $44 \div 5 =$

⑰ $47 \div 8 =$

⑱ $52 \div 6 =$

⑲ $56 \div 9 =$

⑳ $60 \div 7 =$

㉑ $66 \div 8 =$

㉒ $71 \div 9 =$

㉓ $75 \div 8 =$

㉔ $37 \div 3 =$

㉕ $45 \div 2 =$

㉖ $58 \div 5 =$

㉗ $62 \div 3 =$

㉘ $78 \div 7 =$

㉙ $89 \div 4 =$

㉚ $97 \div 3 =$

나누어지는 수의
십의 자리부터 순서대로 계산하여
몫과 **나머지**를 구해!

● 55÷4의 계산

$$
\begin{array}{r}
1 \\
4\overline{\smash{)}55} \\
4\,0 \leftarrow 4\times10 \\
\hline
1\,5
\end{array}
\Rightarrow
\begin{array}{r}
1\ 3 \\
4\overline{\smash{)}55} \\
4 \\
\hline
1\ 5 \\
1\ 2 \leftarrow 4\times3 \\
\hline
3
\end{array}
$$

$$55 \div 4 = 13 \cdots 3$$

↳ 나머지는 나누는 수보다 항상 작습니다.

○ 계산해 보시오.

1
$$2\overline{\smash{)}37}$$

2
$$3\overline{\smash{)}44}$$

3
$$4\overline{\smash{)}53}$$

4
$$4\overline{\smash{)}66}$$

5
$$5\overline{\smash{)}68}$$

6
$$3\overline{\smash{)}74}$$

7
$$6\overline{\smash{)}75}$$

8
$$7\overline{\smash{)}85}$$

9
$$7\overline{\smash{)}93}$$

⑩ 33÷2=

⑰ 62÷4=

㉔ 82÷5=

⑪ 39÷2=

⑱ 67÷5=

㉕ 83÷6=

⑫ 41÷3=

⑲ 69÷4=

㉖ 88÷3=

⑬ 43÷3=

⑳ 71÷3=

㉗ 92÷7=

⑭ 54÷4=

㉑ 74÷6=

㉘ 95÷4=

⑮ 55÷3=

㉒ 76÷5=

㉙ 96÷5=

⑯ 59÷4=

㉓ 77÷2=

㉚ 99÷7=

나누어지는 수의
백의 자리부터
순서대로 계산해!

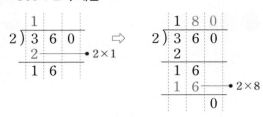

● **360÷2의 계산**

```
      1                    1 8 0
   2)3 6 0      ⟹      2)3 6 0
     2    •2×1            2
     1 6                  1 6
                          1 6   •2×8
                              0
```

$$360÷2=180$$

참고 백의 자리에서 나눌 수 없으면 십의 자리부터 순서대로 계산합니다.

○ 계산해 보시오.

①
```
2)2 6 0
```

②
```
5)3 1 5
```

③
```
4)4 2 8
```

④
```
3)4 5 0
```

⑤
```
6)5 1 0
```

⑥
```
5)6 0 0
```

⑦
```
8)7 5 2
```

⑧
```
4)8 2 0
```

⑨
```
3)9 1 2
```

⑩ $242 \div 2 =$

⑪ $270 \div 2 =$

⑫ $336 \div 3 =$

⑬ $384 \div 6 =$

⑭ $400 \div 2 =$

⑮ $464 \div 4 =$

⑯ $480 \div 5 =$

⑰ $500 \div 4 =$

⑱ $520 \div 5 =$

⑲ $582 \div 6 =$

⑳ $605 \div 5 =$

㉑ $612 \div 3 =$

㉒ $624 \div 4 =$

㉓ $736 \div 8 =$

㉔ $774 \div 9 =$

㉕ $782 \div 2 =$

㉖ $825 \div 3 =$

㉗ $840 \div 5 =$

㉘ $852 \div 6 =$

㉙ $927 \div 3 =$

㉚ $960 \div 4 =$

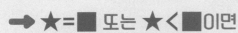

→ ★=■ 또는 ★<■이면

몫은 세 자리 수!

→ ★>■이면 **몫은 두 자리 수!**

● 413÷5의 계산

```
      8                    8 2
5) 4 1 3            5) 4 1 3
   4 0    •5×8        4 0
   1 3                1 3
                      1 0   •5×2
                        3
```

413÷5=82…3
└ 나머지는 나누는 수보다 항상 작습니다.

○ 계산해 보시오.

❶
```
2) 2 2 1
```

❷
```
3) 3 1 7
```

❸
```
5) 3 2 3
```

❹
```
4) 5 6 2
```

❺
```
6) 5 8 4
```

❻
```
8) 6 5 9
```

❼
```
9) 7 4 2
```

❽
```
5) 8 0 4
```

❾
```
9) 9 6 5
```

⑩ 215÷2＝

⑪ 291÷4＝

⑫ 329÷2＝

⑬ 355÷3＝

⑭ 436÷3＝

⑮ 467÷4＝

⑯ 479÷6＝

⑰ 506÷7＝

⑱ 532÷5＝

⑲ 590÷4＝

⑳ 622÷3＝

㉑ 656÷5＝

㉒ 683÷8＝

㉓ 705÷2＝

㉔ 764÷5＝

㉕ 791÷9＝

㉖ 812÷3＝

㉗ 847÷8＝

㉘ 877÷7＝

㉙ 900÷8＝

㉚ 968÷9＝

계산이 맞는지 확인하기

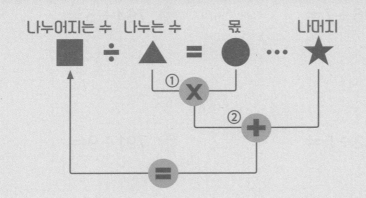

● 나머지가 있는 나눗셈의 계산이 맞는지
  확인하기

나누는 수와 몫의 곱에 나머지를 더하면
나누어지는 수가 되어야 합니다.

$$35 \div 4 = 8 \cdots 3$$

확인 $4 \times 8 = 32,\ 32 + 3 = 35$

○ 계산해 보고 계산 결과가 맞는지 확인해 보시오.

❶

$3) \overline{2\ 9}$

확인 : _____

❷

$4) \overline{4\ 6}$

확인 : _____

❸

$5) \overline{7\ 4}$

확인 : _____

❹

$6) \overline{8\ 2}$

확인 : _____

❺

$7) \overline{1\ 5\ 6}$

확인 : _____

❻

$4) \overline{7\ 2\ 1}$

확인 : _____

⑦ $26 \div 7 =$

확인 : _____

⑧ $38 \div 3 =$

확인 : _____

⑨ $54 \div 5 =$

확인 : _____

⑩ $63 \div 2 =$

확인 : _____

⑪ $79 \div 6 =$

확인 : _____

⑫ $85 \div 3 =$

확인 : _____

⑬ $91 \div 8 =$

확인 : _____

⑭ $281 \div 9 =$

확인 : _____

⑮ $470 \div 3 =$

확인 : _____

⑯ $687 \div 5 =$

확인 : _____

몫
→ **나눗셈식**을 이용해!

● 큰 수를 작은 수로 나눈 몫 구하기

42	2
21	

42÷2=21

○ 큰 수를 작은 수로 나눈 몫을 빈칸에 써넣으시오.

1

40	2

5

76	4

2

5	60

6

8	96

3

36	3

7

480	3

4

2	64

8

6	672

11 그림에서 두 수의 나눗셈하기

2단원

화살표 방향에 따라
나눗셈식을 세워!

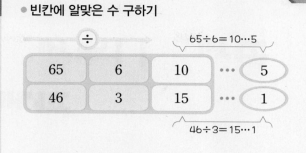

● 빈칸에 알맞은 수 구하기

| 65 | 6 | 10 | ··· | 5 |

65÷6=10···5

| 46 | 3 | 15 | ··· | 1 |

46÷3=15···1

○ 몫은 ☐ 안에, 나머지는 ◯ 안에 써넣으시오.

9 ÷

| 20 | 3 | | ··· | |
| 51 | 9 | | ··· | |

12 ÷

| 69 | 5 | | ··· | |
| 85 | 6 | | ··· | |

10 ÷

| 49 | 4 | | ··· | |
| 81 | 7 | | ··· | |

13 ÷

| 94 | 7 | | ··· | |
| 342 | 8 | | ··· | |

11 ÷

| 73 | 9 | | ··· | |
| 288 | 5 | | ··· | |

14 ÷

| 435 | 9 | | ··· | |
| 690 | 4 | | ··· | |

곱셈과 나눗셈의 관계를 이용해!

$■ × ▲ = ●$ → $\begin{bmatrix} ● ÷ ▲ = ■ \\ ● ÷ ■ = ▲ \end{bmatrix}$

- '$□ × 3 = 48$'에서 $□$의 값 구하기
  $□ × 3 = 48$
  ⇨ 곱셈과 나눗셈의 관계를 이용하면
  $48 ÷ 3 = □$, $□ = 16$
- '$4 × □ = 72$'에서 $□$의 값 구하기
  $4 × □ = 72$
  ⇨ 곱셈과 나눗셈의 관계를 이용하면
  $72 ÷ 4 = □$, $□ = 18$

○ 어떤 수($□$)를 구해 보시오.

❶ $□ × 3 = 60$

❷ $□ × 2 = 80$

❸ $□ × 4 = 48$

❹ $□ × 3 = 93$

❺ $□ × 4 = 56$

❻ $2 × □ = 50$

❼ $5 × □ = 70$

❽ $6 × □ = 66$

❾ $3 × □ = 69$

❿ $5 × □ = 75$

⑪ $\boxed{} \times 3 = 84$

⑰ $6 \times \boxed{} = 78$

⑫ $\boxed{} \times 6 = 96$

⑱ $7 \times \boxed{} = 98$

⑬ $\boxed{} \times 8 = 120$

⑲ $4 \times \boxed{} = 172$

⑭ $\boxed{} \times 4 = 140$

⑳ $3 \times \boxed{} = 213$

⑮ $\boxed{} \times 5 = 535$

㉑ $5 \times \boxed{} = 725$

⑯ $\boxed{} \times 6 = 768$

㉒ $4 \times \boxed{} = 856$

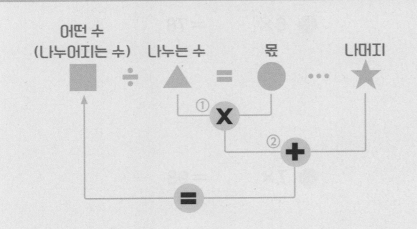

• '□÷2=12'에서 □의 값 구하기

□÷2=12

⇨ 2×12=□, □=24

• '□÷3=14…1'에서 □의 값 구하기

□÷3=14…1

⇨ 3×14=42, 42+1=□ → □=43

○ 어떤 수(□)를 구해 보시오.

1 □÷2=23

2 □÷8=11

3 □÷4=17

4 □÷3=24

5 □÷2=48

6 □÷4=9…1

7 □÷5=8…3

8 □÷7=9…4

9 □÷5=11…4

10 □÷3=22…1

⑪ $\boxed{} \div 2 = 42\cdots1$

⑰ $\boxed{} \div 3 = 42\cdots1$

⑫ $\boxed{} \div 5 = 12\cdots2$

⑱ $\boxed{} \div 7 = 38\cdots6$

⑬ $\boxed{} \div 4 = 18\cdots3$

⑲ $\boxed{} \div 8 = 45\cdots5$

⑭ $\boxed{} \div 3 = 25\cdots2$

⑳ $\boxed{} \div 6 = 71\cdots3$

⑮ $\boxed{} \div 7 = 12\cdots4$

㉑ $\boxed{} \div 9 = 58\cdots4$

⑯ $\boxed{} \div 6 = 14\cdots5$

㉒ $\boxed{} \div 5 = 124\cdots4$

- 수 카드 3장을 한 번씩만 사용하여 몫이 가장 큰 (몇십몇)÷(몇) 만들기

  2 3 4 → 4>3>2

- (몇십몇)에 놓이는 수: 43
  └• 나누어지는 수

- (몇)에 놓이는 수: 2
  └• 나누는 수

⇨ 몫이 가장 큰 나눗셈식: $43 \div 2 = 21 \cdots 1$

(몫이 가장 큰 나눗셈식) =(가장 큰 수) ÷(가장 작은 수)

○ 수 카드 3장을 한 번씩만 사용하여 몫이 가장 큰 (몇십몇)÷(몇)을 만들고 계산해 보시오.

1 2 6 5

나눗셈식 : _____

2 4 3 6

나눗셈식 : _____

3 5 3 8

나눗셈식 : _____

4 6 8 4

나눗셈식 : _____

5 7 4 9

나눗셈식 : _____

6 9 8 6

나눗셈식 : _____

15 몫이 가장 작은 나눗셈식 만들기

12일 차

(몫이 가장 작은 나눗셈식)
=(가장 작은 수)
÷(가장 큰 수)

● 수 카드 3장을 한 번씩만 사용하여 몫이 가장 작은 (몇십몇)÷(몇) 만들기

3　4　5 → 5>4>3

• (몇십몇)에 놓이는 수: 34
　┗ 나누어지는 수
• (몇)에 놓이는 수: 5
　┗ 나누는 수

⇨ 몫이 가장 작은 나눗셈식: $34 \div 5 = 6 \cdots 4$

○ 수 카드 3장을 한 번씩만 사용하여 몫이 가장 작은 (몇십몇)÷(몇)을 만들고 계산해 보시오.

7　　1　5　2

나눗셈식 : _____

10　　5　4　6

나눗셈식 : _____

8　　2　8　5

나눗셈식 : _____

11　　9　5　7

나눗셈식 : _____

9　　7　6　3

나눗셈식 : _____

12　　8　7　9

나눗셈식 : _____

세로 계산식에서
각 수를 구하는 방법을 생각해!

- ●=(■÷▲의 몫)
- ♥=▲×●, ▲=(♥÷●의 몫)
- ★=■-♥

● 나눗셈식에서 ☐의 값 구하기

```
      ㉠ 4
6 ) ㉡ 7
    6
    2 ㉢
    2 ㉣
      3
```

- ☐ 에서
  6×㉠=6 ⇨ ㉠=1,
  ㉡-6=2 ⇨ ㉡=8

- ☐ 에서
  ㉢=7,
  ㉢-㉣=3
  ⇨ 7-㉣=3, ㉣=4

○ 나눗셈식을 완성해 보시오.

1

```
      1 ☐
2 ) 3 ☐
    ☐
    1 ☐
    1 4
      0
```

3

```
      ☐ 4
4 ) ☐ 8
    4
    1 8
    ☐ ☐
      2
```

2

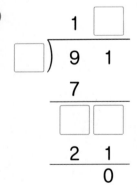

```
      1 ☐
☐ ) 9 1
    7
    ☐ ☐
    2 1
      0
```

4

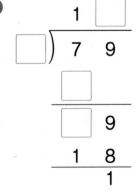

```
      1 ☐
☐ ) 7 9
    ☐
    ☐ 9
    1 8
      1
```

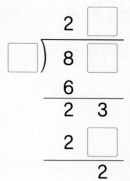

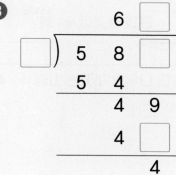

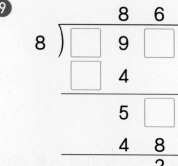

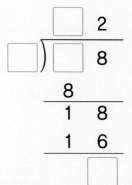

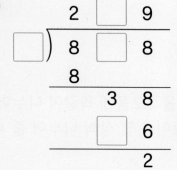

5

```
      2 □
  □ ) 8 □
      6
      2 3
      2 □
        2
```

8

```
        6 □
  □ ) 5 8 □
      5 4
        4 9
        4 □
          4
```

6

```
    □ 8
  5 ) 9 □
      5
      4 □
      4 □
        3
```

9

```
        8 6
  8 ) □ 9 □
      □ 4
        5 □
        4 8
          2
```

7

```
      □ 2
  □ ) □ 8
      8
      1 8
      1 6
        □
```

10

```
      2 □ 9
  □ ) 8 □ 8
      8
        3 8
        □ 6
          2
```

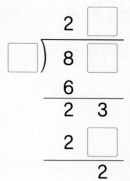
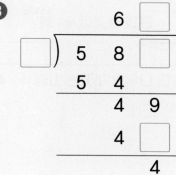
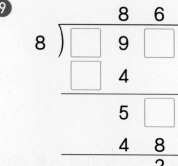
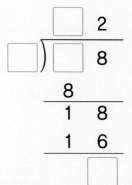
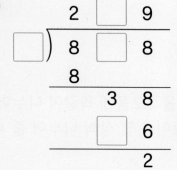

개념플러스연산 파워 3-2

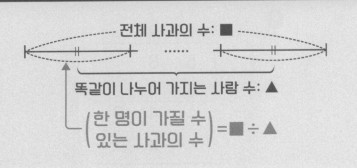

● 문제를 읽고 식을 세워 답 구하기

사과 72개를 6명이 똑같이 나누어 가지려고 합니다.
한 명이 사과를 몇 개씩 가질 수 있습니까?

식 $72 \div 6 = 12$

답 12개

---

1 사탕 60개를 5봉지에 똑같이 나누어 담으려고 합니다.
한 봉지에 사탕을 몇 개씩 담을 수 있습니까?

 계산 공간

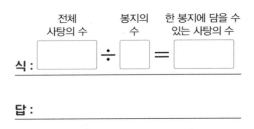

	전체 사탕의 수		봉지의 수		한 봉지에 담을 수 있는 사탕의 수
식 :		÷		=	

답 :

---

2 공원에 있는 네발자전거의 바퀴 수를 세어 보니 모두 76개였습니다.
공원에 있는 네발자전거는 모두 몇 대입니까?

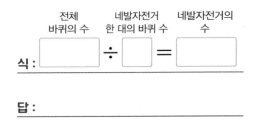

	전체 바퀴의 수		네발자전거 한 대의 바퀴 수		네발자전거의 수
식 :		÷		=	

답 :

---

3 색종이 312장을 3모둠에 똑같이 나누어 주려고 합니다.
한 모둠에 색종이를 몇 장씩 나누어 줄 수 있습니까?

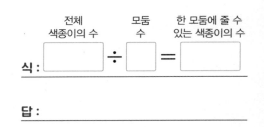

	전체 색종이의 수		모둠 수		한 모둠에 줄 수 있는 색종이의 수
식 :		÷		=	

답 :

❹ 동화책 30권을 한 상자에 2권씩 넣어 포장하려고 합니다.
동화책을 모두 포장하면 몇 상자가 됩니까?

식 : _____

답 : _____

❺ 개미 한 마리의 다리는 6개입니다.
개미의 다리가 모두 96개일 때, 개미는 모두 몇 마리입니까?

식 : _____

답 : _____

❻ 175쪽짜리 위인전을 하루에 7쪽씩 읽으려고 합니다.
위인전을 모두 읽는 데 며칠이 걸리겠습니까?

식 : _____

답 : _____

❼ 구슬 212개를 한 명에게 4개씩 나누어 주려고 합니다.
구슬을 몇 명에게 나누어 줄 수 있습니까?

식 : _____

답 : _____

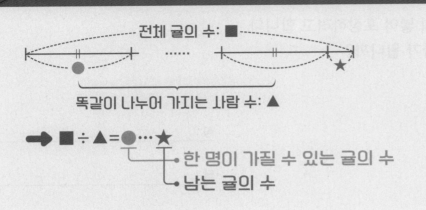

● 문제를 읽고 식을 세워 답 구하기

귤 54개를 7명이 똑같이 나누어 가지려고 합니다.
한 명이 귤을 몇 개씩 가질 수 있고,
몇 개가 남습니까?

식 $54 \div 7 = 7 \cdots 5$

답 7개씩 가질 수 있고, 5개가 남습니다.

---

❶ 클립 39개를 한 명에게 5개씩 나누어 주려고 합니다.
클립을 몇 명에게 나누어 줄 수 있고, 몇 개가 남습니까?

✎ 계산 공간

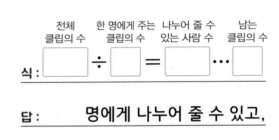

식 :

전체 클립의 수	한 명에게 주는 클립의 수	나누어 줄 수 있는 사람 수	남는 클립의 수
	÷	=	···

답 :   명에게 나누어 줄 수 있고,

                개가 남습니다.

---

❷ 딸기 153개를 6개의 접시에 똑같이 나누어 담으려고 합니다.
한 접시에 딸기를 몇 개씩 담을 수 있고, 몇 개가 남습니까?

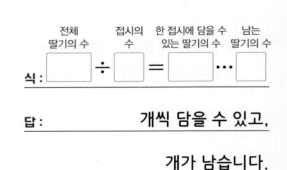

식 :

전체 딸기의 수	접시의 수	한 접시에 담을 수 있는 딸기의 수	남는 딸기의 수
	÷	=	···

답 :   개씩 담을 수 있고,

                개가 남습니다.

❸ 종이꽃 한 개를 만드는 데 색종이가 8장 필요합니다.
색종이 42장으로 종이꽃을 몇 개 만들 수 있고, 색종이는 몇 장이 남습니까?

식 : _____

답 : _____ 개 만들 수 있고,

_____ 장이 남습니다.

❹ 감자 67개를 4상자에 똑같이 나누어 담으려고 합니다.
한 상자에 감자를 몇 개씩 담을 수 있고, 몇 개가 남습니까?

식 : _____

답 : _____ 개씩 담을 수 있고,

_____ 개가 남습니다.

❺ 끈 9 m로 선물 상자 한 개를 포장할 수 있습니다.
끈 275 m로 선물 상자를 몇 개 포장할 수 있고, 끈은 몇 m가 남습니까?

식 : _____

답 : _____ 개 포장할 수 있고,

_____ m가 남습니다.

문제 파헤치기

공책이 한 묶음에 ■권씩 ▲묶음 있습니다.

이 공책을 한 명에게 ●권씩 나누어 준다면 몇 명에게 나누어 줄 수 있습니까?

⇒

풀이

전체 공책의 수:

$■ × ▲ = ★$

나누어 줄 수 있는 사람 수:

$★ ÷ ●$

⇒

● 문제를 읽고 해결하기

공책이 한 묶음에 13권씩 6묶음 있습니다. 이 공책을 한 명에게 3권씩 나누어 준다면 몇 명에게 나누어 줄 수 있습니까?

풀이 (전체 공책의 수)
$= 13 × 6 = 78$(권)
⇒ (나누어 줄 수 있는 사람 수)
$= 78 ÷ 3 = 26$(명)

답 26명

---

1 학생들이 한 줄에 12명씩 5줄로 서 있습니다.
이 학생들이 긴 의자에 4명씩 앉으려면
긴 의자는 몇 개 필요합니까?

✎ 풀이 공간

(전체 학생 수)$= 12 × \boxed{} = \boxed{}$(명)

⇒ (필요한 긴 의자의 수)

$= \boxed{} ÷ 4 = \boxed{}$(개)

답 : _____

2 한 상자에 80개씩 들어 있는 인형이 4상자 있습니다.
이 인형을 하루에 5개씩 판다면
모두 파는 데 며칠이 걸리겠습니까?

(전체 인형의 수)$= 80 × \boxed{} = \boxed{}$(개)

⇒ (인형을 모두 파는 데 걸리는 날수)

$= \boxed{} ÷ 5 = \boxed{}$(일)

답 : _____

❸ 꽃이 한 다발에 11송이씩 8다발 있습니다.
이 꽃을 꽃병 한 개에 4송이씩 꽂으려면
꽃병은 몇 개 필요합니까?

답 : _____

❹ 지우개가 한 묶음에 15개씩 5묶음 있습니다.
이 지우개를 3명에게 똑같이 나누어 준다면
한 명에게 몇 개씩 나누어 줄 수 있습니까?

답 : _____

❺ 리한이가 동화책을 매일 18쪽씩 9일 동안 다 읽었습니다.
이 동화책을 준호가 매일 6쪽씩 읽는다면
다 읽는 데 며칠이 걸리겠습니까?

답 : _____

20 바르게 계산한 값 구하기 (1)

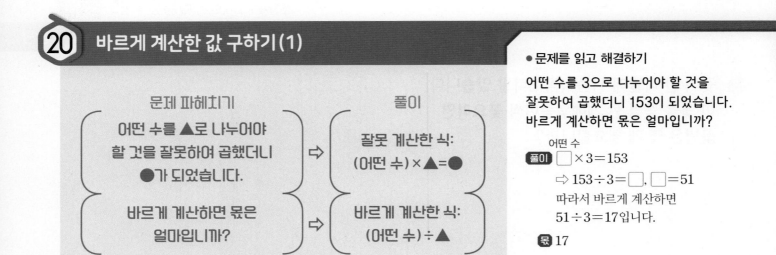

문제 파헤치기

어떤 수를 ▲로 나누어야 할 것을 잘못하여 곱했더니 ●가 되었습니다.

바르게 계산하면 몫은 얼마입니까?

⇨

풀이

잘못 계산한 식:
(어떤 수) × ▲ = ●

바르게 계산한 식:
(어떤 수) ÷ ▲

● 문제를 읽고 해결하기

어떤 수를 3으로 나누어야 할 것을 잘못하여 곱했더니 153이 되었습니다. 바르게 계산하면 몫은 얼마입니까?

어떤 수
풀이 ☐ × 3 = 153

⇨ 153 ÷ 3 = ☐, ☐ = 51

따라서 바르게 계산하면
51 ÷ 3 = 17입니다.

몫 17

---

1 어떤 수를 5로 나누어야 할 것을 잘못하여 곱했더니 225가 되었습니다.
바르게 계산하면 몫은 얼마입니까?

✎ 풀이 공간

어떤 수
■ × 5 = ☐

⇨ ☐ ÷ 5 = ■, ■ = ☐

따라서 바르게 계산하면 ☐ ÷ 5 = ☐ 입니다.

몫 : _____

---

2 어떤 수를 8로 나누어야 할 것을 잘못하여 곱했더니 776이 되었습니다.
바르게 계산하면 몫과 나머지는 얼마입니까?

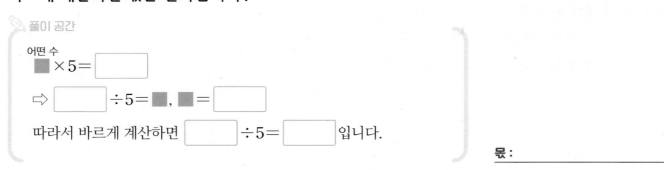

어떤 수
■ × 8 = ☐

⇨ ☐ ÷ 8 = ■, ■ = ☐

따라서 바르게 계산하면 ☐ ÷ 8 = ☐ … ☐ 입니다.

몫 : _____

나머지 : _____

3 어떤 수를 7로 나누어야 할 것을 잘못하여 곱했더니 539가 되었습니다.
바르게 계산하면 몫은 얼마입니까?

몫 : _____

4 어떤 수를 4로 나누어야 할 것을 잘못하여 곱했더니 252가 되었습니다.
바르게 계산하면 몫과 나머지는 얼마입니까?

몫 : _____

나머지 : _____

5 어떤 수를 3으로 나누어야 할 것을 잘못하여 곱했더니 696이 되었습니다.
바르게 계산하면 몫과 나머지는 얼마입니까?

몫 : _____

나머지 : _____

21 바르게 계산한 값 구하기 (2)

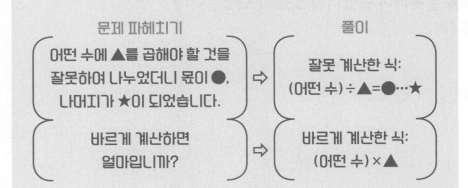

● 문제를 읽고 해결하기

어떤 수에 4를 곱해야 할 것을 잘못하여 나누었더니 몫이 7, 나머지가 3이 되었습니다. 바르게 계산하면 얼마입니까?

어떤 수
풀이 ☐ ÷ 4 = 7 ⋯ 3
⇨ 4 × 7 = 28, 28 + 3 = 31 → ☐ = 31
따라서 바르게 계산하면
31 × 4 = 124입니다.

답 124

❶ 어떤 수에 6을 곱해야 할 것을 잘못하여 나누었더니
몫이 6, 나머지가 2가 되었습니다. 바르게 계산하면 얼마입니까?

✎ 풀이 공간

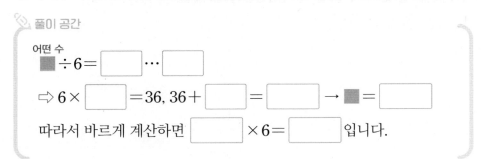

어떤 수
■ ÷ 6 = ☐ ⋯ ☐
⇨ 6 × ☐ = 36, 36 + ☐ = ☐ → ■ = ☐
따라서 바르게 계산하면 ☐ × 6 = ☐ 입니다.

답 : _____

❷ 어떤 수에 9를 곱해야 할 것을 잘못하여 나누었더니
몫이 25, 나머지가 6이 되었습니다. 바르게 계산하면 얼마입니까?

어떤 수
■ ÷ 9 = ☐ ⋯ ☐
⇨ 9 × ☐ = 225, 225 + ☐ = ☐ → ■ = ☐
따라서 바르게 계산하면 ☐ × 9 = ☐ 입니다.

답 : _____

❸ 어떤 수에 8을 곱해야 할 것을 잘못하여 나누었더니
몫이 4, 나머지가 3이 되었습니다. 바르게 계산하면 얼마입니까?

답 : _____

❹ 어떤 수에 5를 곱해야 할 것을 잘못하여 나누었더니
몫이 15, 나머지가 1이 되었습니다. 바르게 계산하면 얼마입니까?

답 : _____

❺ 어떤 수에 7을 곱해야 할 것을 잘못하여 나누었더니
몫이 36, 나머지가 2가 되었습니다. 바르게 계산하면 얼마입니까?

답 : _____

○ 계산해 보시오.

1

$2 \overline{)5\ 0}$

2

$2 \overline{)6\ 6}$

3

$5 \overline{)7\ 5}$

4

$4 \overline{)8\ 3}$

5

$6 \overline{)9\ 4}$

6

$7 \overline{)6\ 0\ 9}$

7

$9 \overline{)8\ 3\ 5}$

8 $52 \div 2 =$

9 $68 \div 3 =$

10 $93 \div 2 =$

11 $279 \div 9 =$

12 $940 \div 8 =$

○ 계산해 보고 계산 결과가 맞는지 확인해 보시오.

13 $39 \div 4 =$

확인 _____

14 $193 \div 7 =$

확인 _____

15 책 92권을 책꽂이 4칸에 똑같이 나누어 꽂으려고 합니다. 책을 한 칸에 몇 권씩 꽂아야 합니까?

식 _____

답 _____

16 과자 156개를 한 명에게 8개씩 나누어 주려고 합니다. 과자를 몇 명에게 나누어 줄 수 있고, 몇 개가 남습니까?

식 _____

답 _____ 명에게 나누어 줄 수 있고,

_____ 개가 남습니다.

17 한 봉지에 12개씩 들어 있는 토마토가 7봉지 있습니다. 이 토마토를 6상자에 똑같이 나누어 담는다면 한 상자에 몇 개씩 담을 수 있습니까?

(_____)

18 수 카드 3장을 한 번씩만 사용하여 몫이 가장 큰 (몇십몇)÷(몇)을 만들고 계산해 보시오.

| 8 | 5 | 7 |

식 _____

19 어떤 수를 6으로 나누어야 할 것을 잘못하여 곱했더니 432가 되었습니다. 바르게 계산하면 몫은 얼마입니까?

(_____)

20 어떤 수에 7을 곱해야 할 것을 잘못하여 나누었더니 몫이 12, 나머지가 4가 되었습니다. 바르게 계산하면 얼마입니까?

(_____)

원

◆ 맞힌 개수와 걸린 시간을 작성해 보세요

원의 중심, 반지름, 지름

원의 **가장 안쪽**에 있는 점

　　　　→ **원의 중심**

원의 중심과 원 위의 한 **점**을 이은 선분

　　　　→ 원의 **반지름**

원 위의 **두 점**을 **원의 중심**을 지나도록

이은 선분　　　→ 원의 **지름**

● 원의 중심, 반지름, 지름

원의 중심	원의 가장 안쪽에 있는 점 ㅇ
원의 반지름	원의 중심 ㅇ과 원 위의 한 점을 이은 선분 → 선분 ㅇㄱ, 선분 ㅇㄴ
원의 지름	원 위의 두 점을 원의 중심 ㅇ을 지나도록 이은 선분 → 선분 ㄱㄴ

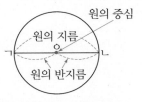

[참고] · 한 원에서 원의 반지름은 모두 같습니다.
　　　· 한 원에서 원의 지름은 모두 같습니다.

○ 원의 중심을 찾아 써 보시오.

①

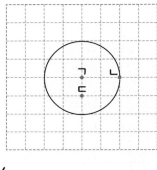

(　　　　　　)

②

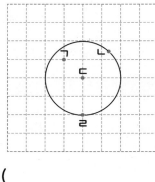

(　　　　　　)

③

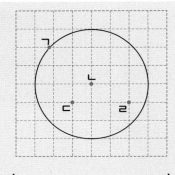

(　　　　　　)

④

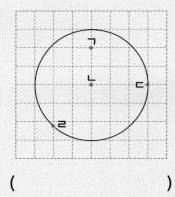

(　　　　　　)

⑤

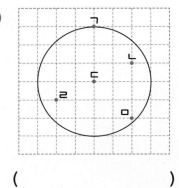

(　　　　　　)

⑥

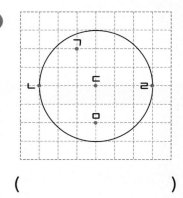

(　　　　　　)

○ 원의 반지름과 지름은 각각 몇 cm인지 구해 보시오.

○ ☐ 안에 알맞은 수를 써넣으시오.

7
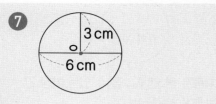

반지름 (   )
지름 (   )

8
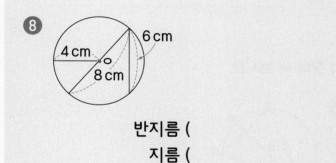

반지름 (   )
지름 (   )

9
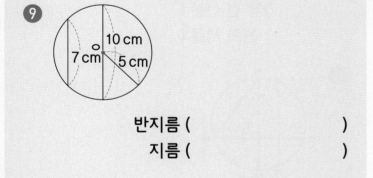

반지름 (   )
지름 (   )

10
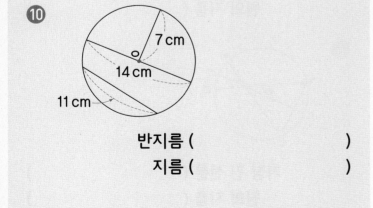

반지름 (   )
지름 (   )

11
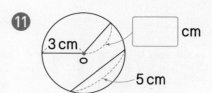

12
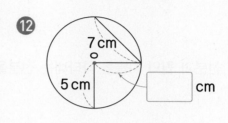

13
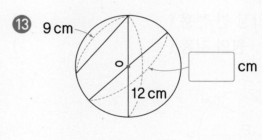

14
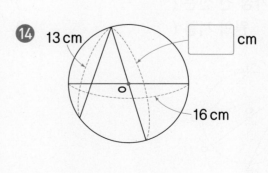

원의 **지름**은
원을 둘로 **똑같이 나누고,**
원 안에 그을 수 있는 선분 중에서
가장 길어!

● 원의 지름의 성질
· 원의 지름은 원을 둘로 똑같이 나눕니다.

원의 지름

· 원의 지름은 원 안에 그을 수 있는 가장 긴 선분입니다.

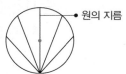
● 원의 지름

○ 길이가 가장 긴 선분과 원의 지름을 나타내는 선분을 각각 찾아 써 보시오.

①
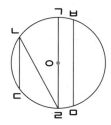

가장 긴 선분 (   )
원의 지름 (   )

②
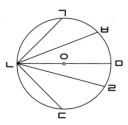

가장 긴 선분 (   )
원의 지름 (   )

③
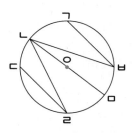

가장 긴 선분 (   )
원의 지름 (   )

④
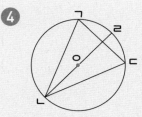

가장 긴 선분 (   )
원의 지름 (   )

⑤
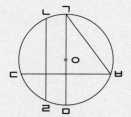

가장 긴 선분 (   )
원의 지름 (   )

⑥
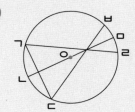

가장 긴 선분 (   )
원의 지름 (   )

③ 원의 지름과 반지름 사이의 관계

2일 차

● 원의 지름과 반지름 사이의 관계
· 한 원에서 지름은 반지름의 2배입니다.
· 한 원에서 반지름은 지름의 반입니다.

$$(지름) = (반지름) \times 2$$
$$(반지름) = (지름) \div 2$$

○ 원의 반지름과 지름은 각각 몇 cm인지 구해 보시오.

⑦

반지름 (　　　　　　　　)
지름 (　　　　　　　　)

⑩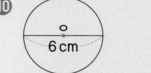

반지름 (　　　　　　　　)
지름 (　　　　　　　　)

⑧

반지름 (　　　　　　　　)
지름 (　　　　　　　　)

⑪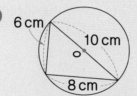

반지름 (　　　　　　　　)
지름 (　　　　　　　　)

⑨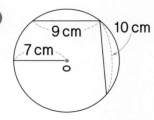

반지름 (　　　　　　　　)
지름 (　　　　　　　　)

⑫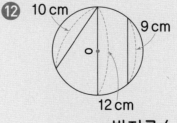

반지름 (　　　　　　　　)
지름 (　　　　　　　　)

4 컴퍼스를 이용하여 원 그리기

① **원의 중심**이 되는 **점**을 정해!
② **컴퍼스**를 원의 **반지름**만큼 벌려!
③ 컴퍼스의 **침을 원의 중심**이 되는 점에 꽂고 **원을 그려!**

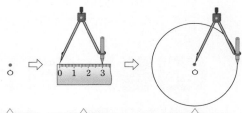

● 컴퍼스를 이용하여 점 ㅇ을 중심으로 하고 반지름이 3 cm인 원 그리기

원의 중심이 되는 점 ㅇ을 정합니다.

컴퍼스를 원의 반지름인 3cm 만큼 벌립니다.

컴퍼스의 침을 점 ㅇ에 꽂고 원을 그립니다.

○ 점 ㅇ을 중심으로 하고 반지름과 지름이 다음과 같은 원을 그려 보시오.

① 반지름: 2 cm

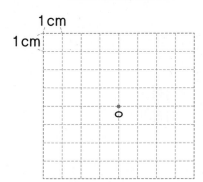

③ 지름: 2 cm

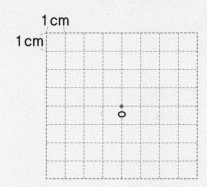

② 반지름: 3 cm

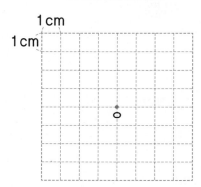

④ 지름: 6 cm

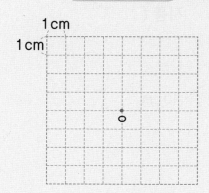

5 규칙을 찾아 원 그리기

3일 차 학습한 날

원의 중심과 반지름이 변하는 규칙을 찾아

원을 그려!

● 규칙을 찾아 원 그리기

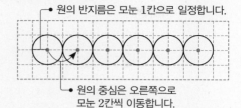

규칙 원의 반지름은 변하지 않고, 원의 중심은 오른쪽으로 모눈 2칸씩 이동합니다.

○ 규칙을 찾아 원을 2개 더 그려 보시오.

5
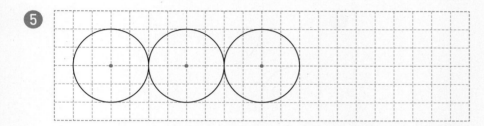

6
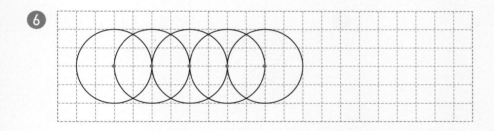

7
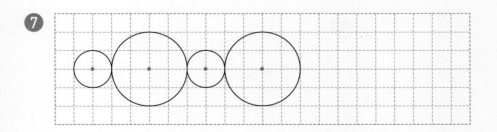

컴퍼스의 침을 꽂아야 할 곳

↓

원이 증심

● 주어진 모양을 그리기 위하여 컴퍼스의 침을 꽂아야 할 곳 찾기

 ⇨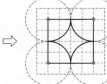

⇨ 컴퍼스의 침을 꽂아야 할 곳은 모두 4군데입니다.

○ 주어진 모양을 그리기 위하여 컴퍼스의 침을 꽂아야 할 곳은 모두 몇 군데인지 구해 보시오.

❶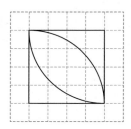

( )

❹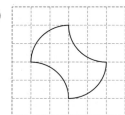

( )

❷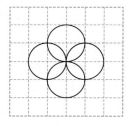

( )

❺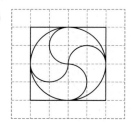

( )

❸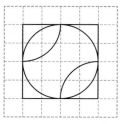

( )

❻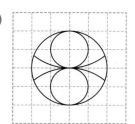

( )

7 크기가 다른 원을 맞닿게 그렸을 때 선분의 길이 구하기

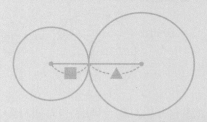

(선분의 길이)=(두 원의 **반지름의 합**)
=■+▲

● 반지름이 4 cm인 원과 반지름이 6 cm인 원을 맞닿게 그렸을 때 선분 ㄱㄴ의 길이 구하기

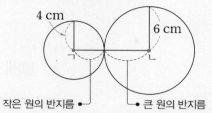

작은 원의 반지름 ●   ● 큰 원의 반지름

⇨ (선분 ㄱㄴ)=(작은 원의 반지름)+(큰 원의 반지름)
=4+6=10(cm)

○ 선분 ㄱㄴ의 길이는 몇 cm인지 구해 보시오.

7

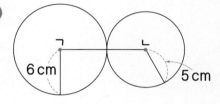

(　　　　　　)

10

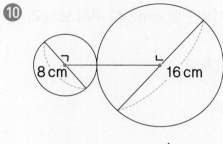

(　　　　　　)

8

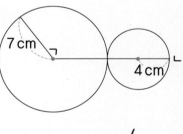

(　　　　　　)

11

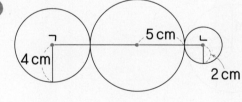

(　　　　　　)

9

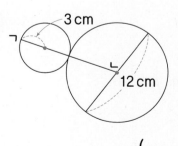

(　　　　　　)

12

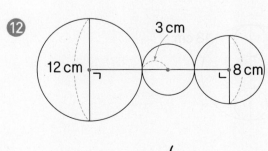

(　　　　　　)

큰 원 안에 맞닿아 있는 크기가 같은 작은 원의 반지름 구하기

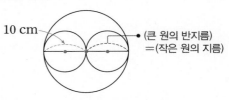
큰 원의 반지름이
작은 원의 반지름의 ■배일 때

⬇

(작은 원의 반지름)=(큰 원의 반지름)÷■

○ 큰 원 안에 크기가 같은 작은 원을 맞닿게 그렸습니다.
　작은 원의 반지름은 몇 cm인지 구해 보시오.

❶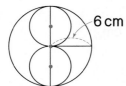

6 cm

(　　　　　　　　　)

❹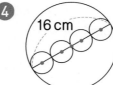

16 cm

(　　　　　　　　　)

❷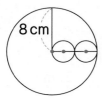

8 cm

(　　　　　　　　　)

❺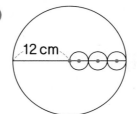

12 cm

(　　　　　　　　　)

❸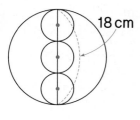

18 cm

(　　　　　　　　　)

❻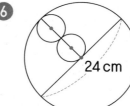

24 cm

(　　　　　　　　　)

9 크기가 같은 원의 중심을 이어 만든 도형의 모든 변의 길이의 합 구하기

만든 도형의 각 변의 길이가
원의 반지름의 ■배일 때

⬇

(만든 도형의 각 변의 길이)
=(원의 반지름)×■

● 크기가 같은 원 3개의 중심을 이어 만든 삼각형의 모든 변의 길이의 합 구하기

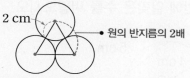

2 cm ● 원의 반지름의 2배

(삼각형의 한 변의 길이)=(원의 반지름)×2
　　　　　　　　　　=2×2=4(cm)
➡ (삼각형의 세 변의 길이의 합)=4+4+4=12(cm)

○ 크기가 같은 원의 중심을 이어 도형을 만들었습니다.
만든 도형의 모든 변의 길이의 합은 몇 cm인지 구해 보시오.

7
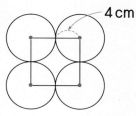
4 cm

(　　　　　　)

10
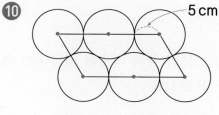
5 cm

(　　　　　　)

8
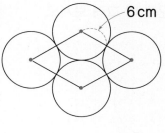
6 cm

(　　　　　　)

11
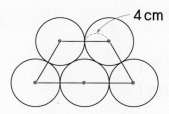
4 cm

(　　　　　　)

9
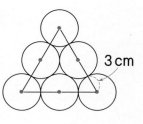
3 cm

(　　　　　　)

12
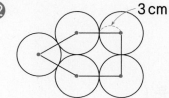
3 cm

(　　　　　　)

○ ☐ 안에 알맞은 수를 써넣으시오.

1

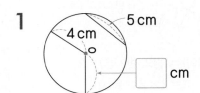

☐ cm

2

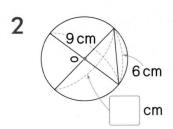

☐ cm

○ 길이가 가장 긴 선분과 원의 지름을 나타내는 선분을 각각 찾아 써 보시오.

3

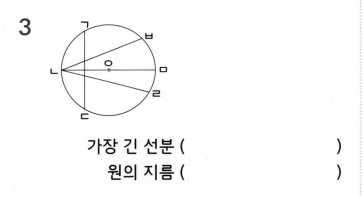

가장 긴 선분 (   )

원의 지름 (   )

4

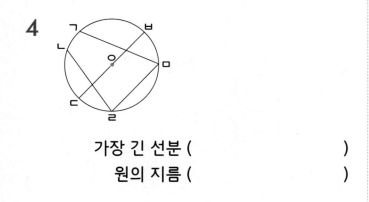

가장 긴 선분 (   )

원의 지름 (   )

○ 원의 반지름과 지름은 각각 몇 cm인지 구해 보시오.

5

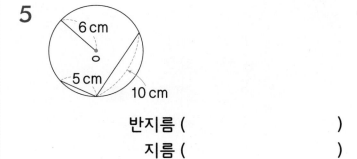

반지름 (   )

지름 (   )

6

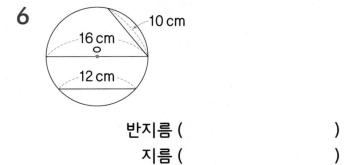

반지름 (   )

지름 (   )

○ 규칙을 찾아 원을 2개 더 그려 보시오.

7

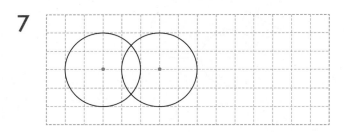

8

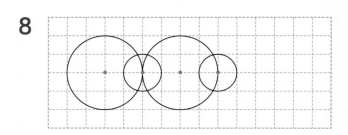

○ 주어진 모양을 그리기 위하여 컴퍼스의 침을 꽂아야 할 곳은 모두 몇 군데인지 구해 보시오.

9

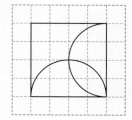

(   )

10

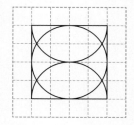

(   )

○ 선분 ㄱㄴ의 길이는 몇 cm인지 구해 보시오.

11

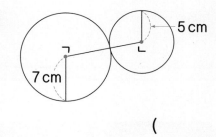

(   )

12

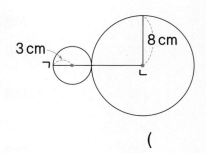

(   )

○ 큰 원 안에 크기가 같은 작은 원을 맞닿게 그렸습니다. 작은 원의 반지름은 몇 cm인지 구해 보시오.

13

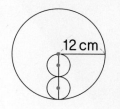

(   )

14

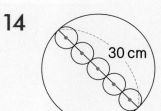

(   )

○ 크기가 같은 원의 중심을 이어 도형을 만들었습니다. 만든 도형의 모든 변의 길이의 합은 몇 cm인지 구해 보시오.

15

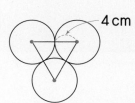

(   )

16

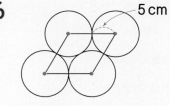

(   )

4

분수

학습 내용	일 차	맞힌 개수	걸린 시간
① 부분은 전체의 얼마인지 분수로 나타내기	1일 차	/8개	/4분
② 자연수에 대한 분수만큼 알아보기	2일 차	/7개	/4분
③ 길이에 대한 분수만큼 알아보기	3일 차	/7개	/4분
④ 진분수, 가분수, 대분수	4일 차	/19개	/10분
⑤ 대분수를 가분수로 나타내기	5일 차	/30개	/15분
⑥ 가분수를 대분수로 나타내기			
⑦ 분모가 같은 가분수의 크기 비교	6일 차	/30개	/11분
⑧ 분모가 같은 대분수의 크기 비교			
⑨ 분모가 같은 가분수와 대분수의 크기 비교	7일 차	/36개	/18분

● 맞힌 개수와 걸린 시간을 작성해 보세요.

학습 내용	일 차	맞힌 개수	걸린 시간
⑩ 나눗셈과 곱셈을 이용하여 자연수의 분수만큼 구하기	8일 차	/18개	/14분
⑪ 부분의 양을 이용하여 전체의 양 구하기			
⑫ 수 카드로 만든 대분수를 가분수로 나타내기	9일 차	/12개	/18분
⑬ 수 카드로 만든 가분수를 대분수로 나타내기			
⑭ 분모가 같은 가분수와 대분수의 크기 비교 문장제	10일 차	/5개	/4분
⑮ 남은 수를 구하는 문장제	11일 차	/5개	/5분
⑯ 부분의 양을 이용하여 전체의 양을 구하는 문장제	12일 차	/5개	/7분
평가 4. 분수	13일 차	/18개	/20분

• 부분은 전체의 얼마인지 분수로 나타내기

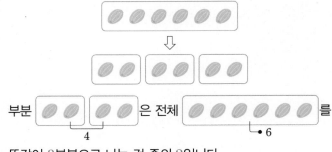

2는 6을
똑같이 3으로 나눈 것 중의 1

↓

2는 6의 $\dfrac{1}{3}$

부분 은 전체 를
똑같이 3부분으로 나눈 것 중의 2입니다.

⇨ 4는 6의 $\dfrac{2}{3}$입니다.

○ 그림을 보고 ☐ 안에 알맞은 수를 써넣으시오.

1

12를 2씩 묶으면 ☐ 묶음이 됩니다.

2는 12의 $\dfrac{☐}{☐}$ 입니다.

2

15를 3씩 묶으면 ☐ 묶음이 됩니다.

6은 15의 $\dfrac{☐}{☐}$ 입니다.

3

21을 7씩 묶으면 ☐ 묶음이 됩니다.

14는 21의 $\dfrac{☐}{☐}$ 입니다.

4

32를 4씩 묶으면 ☐ 묶음이 됩니다.

12는 32의 $\dfrac{☐}{☐}$ 입니다.

○ 그림을 보고 ☐ 안에 알맞은 수를 써넣으시오.

❺ 16을 8씩 묶으면 ☐ 묶음이 됩니다. 8은 16의 ☐/☐ 입니다.

❻ 16을 4씩 묶으면 ☐ 묶음이 됩니다. 12는 16의 ☐/☐ 입니다.

○ 그림을 보고 ☐ 안에 알맞은 수를 써넣으시오.

❼ 24를 8씩 묶으면 ☐ 묶음이 됩니다. 16은 24의 ☐/☐ 입니다.

❽ 24를 4씩 묶으면 ☐ 묶음이 됩니다. 20은 24의 ☐/☐ 입니다.

● 자연수에 대한 분수만큼 알아보기

· 8의 $\frac{1}{4}$: 8을 똑같이 4묶음으로 나눈 것 중의 1묶음 ⇨ 2

· 8의 $\frac{2}{4}$: 8을 똑같이 4묶음으로 나눈 것 중의 2묶음 ⇨ 4

$$■의 \frac{▲}{●}$$

↓

■를 똑같이 ●묶음으로
나눈 것 중의 ▲묶음

○ 그림을 보고 ☐ 안에 알맞은 수를 써넣으시오.

❶

6의 $\frac{1}{3}$ 은 ☐ 입니다. 6의 $\frac{2}{3}$ 는 ☐ 입니다.

❷

10의 $\frac{1}{5}$ 은 ☐ 입니다. 10의 $\frac{3}{5}$ 은 ☐ 입니다.

❸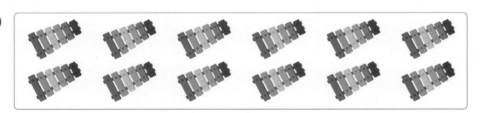

12의 $\frac{1}{4}$ 은 ☐ 입니다. 12의 $\frac{3}{4}$ 은 ☐ 입니다.

❹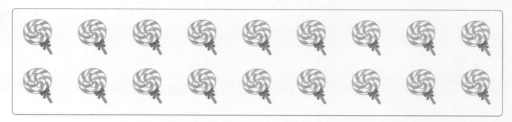

18의 $\dfrac{1}{9}$ 은 ☐ 입니다. 18의 $\dfrac{7}{9}$ 은 ☐ 입니다.

❺

20의 $\dfrac{1}{5}$ 은 ☐ 입니다. 20의 $\dfrac{2}{5}$ 는 ☐ 입니다.

❻

24의 $\dfrac{1}{8}$ 은 ☐ 입니다. 24의 $\dfrac{5}{8}$ 는 ☐ 입니다.

❼

30의 $\dfrac{1}{6}$ 은 ☐ 입니다. 30의 $\dfrac{5}{6}$ 는 ☐ 입니다.

■ cm의 $\dfrac{\blacktriangle}{\bullet}$

↓

■ cm를 똑같이 ●칸으로 나눈 것 중의 ▲칸

● 길이에 대한 분수만큼 알아보기

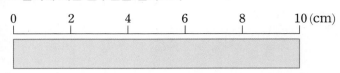

· 10 cm의 $\dfrac{1}{5}$: 10 cm를 똑같이 5칸으로 나눈 것 중의 1칸

⇨ 2 cm

· 10 cm의 $\dfrac{3}{5}$: 10 cm를 똑같이 5칸으로 나눈 것 중의 3칸

⇨ 6 cm

○ 그림을 보고 ☐ 안에 알맞은 수를 써넣으시오.

1

9 cm의 $\dfrac{1}{3}$은 ☐ cm입니다. 9 cm의 $\dfrac{2}{3}$는 ☐ cm입니다.

2

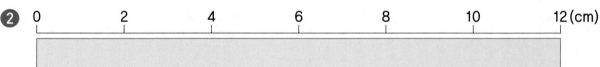

12 cm의 $\dfrac{1}{6}$은 ☐ cm입니다. 12 cm의 $\dfrac{5}{6}$는 ☐ cm입니다.

3

15 cm의 $\dfrac{1}{5}$은 ☐ cm입니다. 15 cm의 $\dfrac{2}{5}$는 ☐ cm입니다.

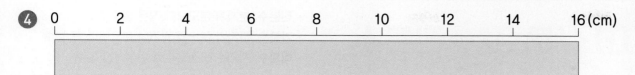

16 cm의 $\frac{1}{8}$은 ☐ cm입니다. 16 cm의 $\frac{3}{8}$은 ☐ cm입니다.

25 cm의 $\frac{1}{5}$은 ☐ cm입니다. 25 cm의 $\frac{4}{5}$는 ☐ cm입니다.

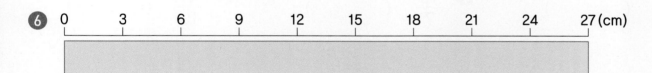

27 cm의 $\frac{1}{9}$은 ☐ cm입니다. 27 cm의 $\frac{8}{9}$은 ☐ cm입니다.

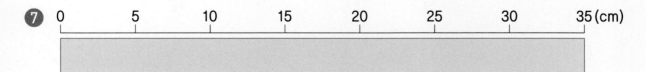

35 cm의 $\frac{1}{7}$은 ☐ cm입니다. 35 cm의 $\frac{5}{7}$는 ☐ cm입니다.

- **분수의 종류**
- **진분수**: 분자가 분모보다 작은 분수
- **가분수**: 분자가 분모와 같거나 분모보다 큰 분수
- **대분수**: 자연수와 진분수로 이루어진 분수

진분수	가분수	대분수
$\dfrac{1}{4}$, $\dfrac{2}{4}$, $\dfrac{3}{4}$	$\dfrac{4}{4}$, $\dfrac{5}{4}$, $\dfrac{6}{4}$	$1\dfrac{3}{4}$ (읽기 1과 4분의 3)

- **자연수**

자연수: 1, 2, 3과 같은 수

참고 $\dfrac{4}{4}$와 같이 분자와 분모가 같은 분수는 1과 같습니다.

$(분자) < (분모) \rightarrow$ **진분수**

$(분자) = (분모)$ 또는

$(분자) > (분모) \rightarrow$ **가분수**

자연수와 **진분수**로 이루어진 분수

$\rightarrow$ **대분수**

○ 진분수는 '진', 가분수는 '가', 대분수는 '대'를 써 보시오.

❶ $\dfrac{1}{3}$ ( )

❷ $\dfrac{4}{4}$ ( )

❸ $2\dfrac{1}{4}$ ( )

❹ $\dfrac{2}{5}$ ( )

❺ $1\dfrac{5}{6}$ ( )

❻ $\dfrac{4}{7}$ ( )

❼ $\dfrac{15}{7}$ ( )

❽ $\dfrac{17}{8}$ ( )

❾ $\dfrac{5}{9}$ ( )

❿ $1\dfrac{2}{9}$ ( )

⓫ $3\dfrac{9}{10}$ ( )

⓬ $\dfrac{41}{10}$ ( )

⓭ $\dfrac{4}{11}$ ( )

⓮ $1\dfrac{5}{12}$ ( )

⓯ $\dfrac{13}{13}$ ( )

○ 진분수, 가분수, 대분수로 분류해 보시오.

⑯

$$\frac{5}{8} \qquad 2\frac{1}{6} \qquad \frac{13}{5} \qquad 3\frac{1}{4} \qquad \frac{20}{9} \qquad \frac{3}{7} \qquad \frac{5}{3} \qquad \frac{7}{10}$$

진분수	가분수	대분수

⑰

$$\frac{1}{4} \qquad 1\frac{2}{3} \qquad \frac{9}{5} \qquad 3\frac{4}{7} \qquad \frac{7}{2} \qquad \frac{7}{9} \qquad 4\frac{3}{8} \qquad \frac{2}{11}$$

진분수	가분수	대분수

⑱

$$\frac{6}{6} \qquad \frac{5}{7} \qquad 5\frac{2}{5} \qquad \frac{16}{9} \qquad 1\frac{3}{4} \qquad \frac{4}{9} \qquad 3\frac{8}{13} \qquad \frac{3}{5}$$

진분수	가분수	대분수

⑲

$$1\frac{5}{8} \qquad \frac{9}{14} \qquad \frac{5}{5} \qquad \frac{9}{2} \qquad 2\frac{7}{10} \qquad \frac{2}{7} \qquad 1\frac{4}{15} \qquad \frac{13}{12}$$

진분수	가분수	대분수

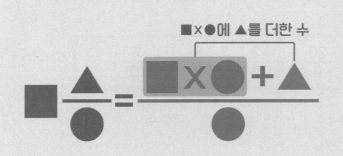

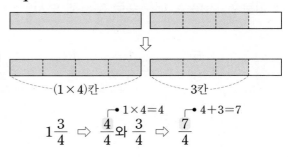

○ 대분수를 가분수로 나타내어 보시오.

1 $2\dfrac{1}{2} =$

2 $1\dfrac{2}{3} =$

3 $4\dfrac{1}{4} =$

4 $2\dfrac{2}{5} =$

5 $4\dfrac{5}{6} =$

6 $3\dfrac{4}{7} =$

7 $4\dfrac{5}{7} =$

8 $2\dfrac{3}{8} =$

9 $4\dfrac{5}{8} =$

10 $2\dfrac{7}{9} =$

11 $3\dfrac{1}{10} =$

12 $2\dfrac{7}{12} =$

13 $1\dfrac{5}{14} =$

14 $2\dfrac{1}{18} =$

15 $2\dfrac{4}{21} =$

6 가분수를 대분수로 나타내기

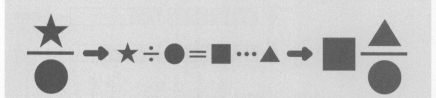

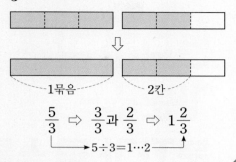

- $\frac{5}{3}$ 를 대분수로 나타내기

$$\frac{5}{3} \Rightarrow \frac{3}{3} \text{과} \frac{2}{3} \Rightarrow 1\frac{2}{3}$$
$$5 \div 3 = 1 \cdots 2$$

○ 가분수를 대분수로 나타내어 보시오.

⑯ $\frac{3}{2} =$

⑰ $\frac{4}{3} =$

⑱ $\frac{11}{4} =$

⑲ $\frac{19}{5} =$

⑳ $\frac{19}{6} =$

㉑ $\frac{22}{7} =$

㉒ $\frac{17}{8} =$

㉓ $\frac{23}{8} =$

㉔ $\frac{14}{9} =$

㉕ $\frac{17}{10} =$

㉖ $\frac{24}{11} =$

㉗ $\frac{17}{12} =$

㉘ $\frac{31}{14} =$

㉙ $\frac{19}{16} =$

㉚ $\frac{43}{20} =$

● 분모가 같은 가분수의 크기 비교

$\dfrac{4}{3}$와 $\dfrac{5}{3}$의 크기 비교

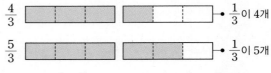

$\dfrac{4}{3}$ ┄ $\dfrac{1}{3}$이 4개

$\dfrac{5}{3}$ ┄ $\dfrac{1}{3}$이 5개

$\dfrac{4}{3}$, $\dfrac{5}{3}$ ⇨ $\underset{\text{두 분수의 분자}}{4<5}$ ⇨ $\dfrac{4}{3}<\dfrac{5}{3}$

분모가 같은 가분수는 분자가 클수록 더 커!

○ 가분수의 크기를 비교하여 ◯ 안에 ＞, ＜를 알맞게 써넣으시오.

1 $\dfrac{3}{2}$ ◯ $\dfrac{7}{2}$

2 $\dfrac{8}{3}$ ◯ $\dfrac{4}{3}$

3 $\dfrac{9}{5}$ ◯ $\dfrac{13}{5}$

4 $\dfrac{8}{6}$ ◯ $\dfrac{6}{6}$

5 $\dfrac{10}{7}$ ◯ $\dfrac{12}{7}$

6 $\dfrac{20}{8}$ ◯ $\dfrac{13}{8}$

7 $\dfrac{11}{9}$ ◯ $\dfrac{15}{9}$

8 $\dfrac{15}{10}$ ◯ $\dfrac{16}{10}$

9 $\dfrac{35}{12}$ ◯ $\dfrac{29}{12}$

10 $\dfrac{16}{13}$ ◯ $\dfrac{20}{13}$

11 $\dfrac{23}{15}$ ◯ $\dfrac{15}{15}$

12 $\dfrac{30}{19}$ ◯ $\dfrac{37}{19}$

13 $\dfrac{34}{20}$ ◯ $\dfrac{27}{20}$

14 $\dfrac{25}{22}$ ◯ $\dfrac{30}{22}$

15 $\dfrac{28}{25}$ ◯ $\dfrac{27}{25}$

8 분모가 같은 대분수의 크기 비교

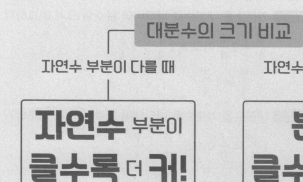

• 분모가 같은 대분수의 크기 비교
• 자연수 부분이 클수록 더 큽니다.

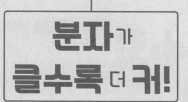

• 자연수 부분이 같으면 분자가 클수록 더 큽니다.

$$1\frac{4}{5} > 1\frac{3}{5}$$
(4 > 3)

○ 대분수의 크기를 비교하여 ◯ 안에 >, <를 알맞게 써넣으시오.

⑯ $2\frac{1}{2}$ ◯ $1\frac{1}{2}$

⑰ $2\frac{1}{3}$ ◯ $2\frac{2}{3}$

⑱ $2\frac{2}{5}$ ◯ $1\frac{4}{5}$

⑲ $4\frac{1}{6}$ ◯ $4\frac{5}{6}$

⑳ $3\frac{5}{7}$ ◯ $3\frac{1}{7}$

㉑ $4\frac{1}{8}$ ◯ $1\frac{3}{8}$

㉒ $2\frac{4}{9}$ ◯ $2\frac{5}{9}$

㉓ $3\frac{3}{10}$ ◯ $3\frac{7}{10}$

㉔ $5\frac{6}{11}$ ◯ $1\frac{10}{11}$

㉕ $2\frac{3}{14}$ ◯ $5\frac{9}{14}$

㉖ $4\frac{8}{15}$ ◯ $4\frac{4}{15}$

㉗ $5\frac{5}{18}$ ◯ $2\frac{5}{18}$

㉘ $2\frac{2}{21}$ ◯ $4\frac{4}{21}$

㉙ $2\frac{5}{24}$ ◯ $2\frac{7}{24}$

㉚ $3\frac{9}{28}$ ◯ $3\frac{11}{28}$

$\cdot \dfrac{9}{4}$ 와 $1\dfrac{3}{4}$ 의 크기 비교

방법 1 가분수를 대분수로 나타내어 분수의 크기 비교하기

$\dfrac{9}{4}=2\dfrac{1}{4}$ 이므로 $2\dfrac{1}{4}>1\dfrac{3}{4}$

$\Rightarrow \dfrac{9}{4}>1\dfrac{3}{4}$

방법 2 대분수를 가분수로 나타내어 분수의 크기 비교하기

$1\dfrac{3}{4}=\dfrac{7}{4}$ 이므로 $\dfrac{9}{4}>\dfrac{7}{4}$

$\Rightarrow \dfrac{9}{4}>1\dfrac{3}{4}$

가분수를 대분수로 나타내거나 대분수를 가분수로 나타내어 크기를 비교해!

○ 분수의 크기를 비교하여 ○ 안에 >, =, <를 알맞게 써넣으시오.

1 $\dfrac{5}{2}$ ○ $3\dfrac{1}{2}$

2 $\dfrac{7}{3}$ ○ $2\dfrac{2}{3}$

3 $\dfrac{9}{4}$ ○ $2\dfrac{1}{4}$

4 $\dfrac{13}{5}$ ○ $1\dfrac{3}{5}$

5 $\dfrac{17}{6}$ ○ $2\dfrac{1}{6}$

6 $\dfrac{17}{7}$ ○ $2\dfrac{5}{7}$

7 $\dfrac{14}{9}$ ○ $3\dfrac{1}{9}$

8 $\dfrac{19}{10}$ ○ $1\dfrac{7}{10}$

9 $\dfrac{25}{11}$ ○ $4\dfrac{2}{11}$

10 $\dfrac{20}{12}$ ○ $1\dfrac{7}{12}$

11 $\dfrac{25}{14}$ ○ $1\dfrac{5}{14}$

12 $\dfrac{32}{15}$ ○ $2\dfrac{2}{15}$

13 $\dfrac{40}{19}$ ○ $1\dfrac{4}{19}$

14 $\dfrac{33}{24}$ ○ $1\dfrac{7}{24}$

15 $\dfrac{71}{25}$ ○ $3\dfrac{3}{25}$

⑯ $2\dfrac{1}{2}$ ◯ $\dfrac{9}{2}$

⑰ $1\dfrac{2}{3}$ ◯ $\dfrac{8}{3}$

⑱ $1\dfrac{1}{4}$ ◯ $\dfrac{7}{4}$

⑲ $1\dfrac{1}{5}$ ◯ $\dfrac{9}{5}$

⑳ $2\dfrac{2}{5}$ ◯ $\dfrac{8}{5}$

㉑ $3\dfrac{1}{6}$ ◯ $\dfrac{20}{6}$

㉒ $4\dfrac{5}{6}$ ◯ $\dfrac{23}{6}$

㉓ $1\dfrac{4}{7}$ ◯ $\dfrac{13}{7}$

㉔ $2\dfrac{3}{7}$ ◯ $\dfrac{19}{7}$

㉕ $2\dfrac{1}{8}$ ◯ $\dfrac{15}{8}$

㉖ $1\dfrac{5}{9}$ ◯ $\dfrac{16}{9}$

㉗ $2\dfrac{7}{10}$ ◯ $\dfrac{21}{10}$

㉘ $3\dfrac{3}{10}$ ◯ $\dfrac{27}{10}$

㉙ $1\dfrac{3}{11}$ ◯ $\dfrac{18}{11}$

㉚ $2\dfrac{5}{13}$ ◯ $\dfrac{24}{13}$

㉛ $1\dfrac{9}{14}$ ◯ $\dfrac{17}{14}$

㉜ $1\dfrac{2}{15}$ ◯ $\dfrac{19}{15}$

㉝ $2\dfrac{5}{16}$ ◯ $\dfrac{30}{16}$

㉞ $3\dfrac{7}{18}$ ◯ $\dfrac{50}{18}$

㉟ $1\dfrac{9}{20}$ ◯ $\dfrac{43}{20}$

㊱ $2\dfrac{1}{24}$ ◯ $\dfrac{50}{24}$

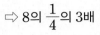

- 8의 $\frac{3}{4}$ 은 얼마인지 구하기

$$8의 \frac{3}{4}$$

⇨ 8의 $\frac{1}{4}$ 의 3배

⇨ $8 \div 4 \times 3 = 6$

◦ ☐ 안에 알맞은 수를 써넣으시오.

① 12의 $\frac{3}{4}$

⇨ $12 \div \boxed{} \times \boxed{} = \boxed{}$

② 14의 $\frac{3}{7}$

⇨ $14 \div \boxed{} \times \boxed{} = \boxed{}$

③ 15의 $\frac{4}{5}$

⇨ $15 \div \boxed{} \times \boxed{} = \boxed{}$

④ 18의 $\frac{5}{6}$

⇨ $18 \div \boxed{} \times \boxed{} = \boxed{}$

⑤ 21의 $\frac{2}{3}$

⇨ $21 \div \boxed{} \times \boxed{} = \boxed{}$

⑥ 36의 $\frac{2}{9}$

⇨ $36 \div \boxed{} \times \boxed{} = \boxed{}$

⑦ 42의 $\frac{5}{7}$

⇨ $42 \div \boxed{} \times \boxed{} = \boxed{}$

⑧ 56의 $\frac{3}{8}$

⇨ $56 \div \boxed{} \times \boxed{} = \boxed{}$

11 부분의 양을 이용하여 전체의 양 구하기

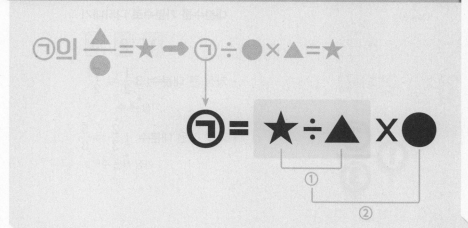

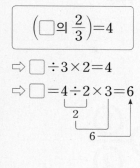

○ ☐ 안에 알맞은 수를 써넣으시오.

9 ☐의 $\frac{1}{2}$은 2입니다.

14 ☐의 $\frac{5}{6}$는 15입니다.

10 ☐의 $\frac{4}{7}$는 8입니다.

15 ☐의 $\frac{6}{7}$은 18입니다.

11 ☐의 $\frac{3}{4}$은 9입니다.

16 ☐의 $\frac{3}{8}$은 21입니다.

12 ☐의 $\frac{3}{5}$은 9입니다.

17 ☐의 $\frac{8}{9}$은 24입니다.

13 ☐의 $\frac{2}{3}$는 12입니다.

18 ☐의 $\frac{9}{10}$는 27입니다.

● 수 카드를 모두 한 번씩만 사용하여 만든 대분수를 가분수로 나타내기

세 수 ①, ②, ③이 ③ > ② > ①일 때

가장 큰 대분수

↑ 가장 큰 수

가장 작은 대분수

$①\dfrac{②}{③}$

↑ 가장 작은 수

· 가장 큰 대분수: $3\dfrac{1}{2} = \dfrac{7}{2}$
↑ 가장 큰 수

· 가장 작은 대분수: $1\dfrac{2}{3} = \dfrac{5}{3}$
↑ 가장 작은 수

○ 수 카드를 모두 한 번씩만 사용하여 가장 큰 대분수 또는 가장 작은 대분수를 만들었습니다.
만든 대분수를 가분수로 나타내어 보시오.

❶ 2 7 3

가장 큰 대분수: $\square\dfrac{\square}{\square} = \dfrac{\square}{\square}$

❹ 7 9 3

가장 작은 대분수: $\square\dfrac{\square}{\square} = \dfrac{\square}{\square}$

❷ 6 5 1

가장 큰 대분수: $\square\dfrac{\square}{\square} = \dfrac{\square}{\square}$

❺ 5 4 9

가장 작은 대분수: $\square\dfrac{\square}{\square} = \dfrac{\square}{\square}$

❸ 5 7 6

가장 큰 대분수: $\square\dfrac{\square}{\square} = \dfrac{\square}{\square}$

❻ 8 7 4

가장 작은 대분수: $\square\dfrac{\square}{\square} = \dfrac{\square}{\square}$

13 수 카드로 만든 가분수를 대분수로 나타내기

세 수 ①, ②, ③이 ③ > ② > ①일 때

가장 큰 가분수 → $\dfrac{③}{①}$

● 수 카드 중에서 2장을 골라 만든 가분수를 대분수로 나타내기

2　3　5

가장 큰 가분수: $\dfrac{5}{2} = 2\dfrac{1}{2}$
　└ 가장 큰 수
　└ 가장 작은 수

○ 수 카드 중에서 2장을 골라 가장 큰 가분수를 만들었습니다.
만든 가분수를 대분수로 나타내어 보시오.

7 7　2　9

$\dfrac{\boxed{}}{\boxed{}} = \boxed{}\dfrac{\boxed{}}{\boxed{}}$

10 5　4　7

$\dfrac{\boxed{}}{\boxed{}} = \boxed{}\dfrac{\boxed{}}{\boxed{}}$

8 3　5　4

$\dfrac{\boxed{}}{\boxed{}} = \boxed{}\dfrac{\boxed{}}{\boxed{}}$

11 9　5　6

$\dfrac{\boxed{}}{\boxed{}} = \boxed{}\dfrac{\boxed{}}{\boxed{}}$

9 8　7　3

$\dfrac{\boxed{}}{\boxed{}} = \boxed{}\dfrac{\boxed{}}{\boxed{}}$

12 8　7　9

$\dfrac{\boxed{}}{\boxed{}} = \boxed{}\dfrac{\boxed{}}{\boxed{}}$

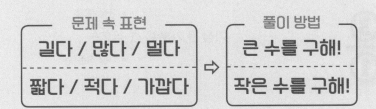

문제 속 표현
길다 / 많다 / 멀다
짧다 / 적다 / 가깝다

⇒

풀이 방법
큰 수를 구해!
작은 수를 구해!

● 문제를 읽고 해결하기

철사를 민지는 $1\frac{5}{6}$ m 가지고 있고, 지훈이는 $\frac{7}{6}$ m 가지고 있습니다. 민지와 지훈이 중 더 짧은 철사를 가지고 있는 사람은 누구입니까?

풀이 민지가 가지고 있는 철사의 길이를 가분수로 나타내면 $1\frac{5}{6} = \frac{11}{6}$ 입니다.

⇒ $\frac{11}{6} > \frac{7}{6}$ 이므로 더 짧은 철사를 가지고 있는 사람은 지훈입니다.

답 지훈

---

1 서은이는 빨간색 테이프를 $1\frac{2}{3}$ m 가지고 있고,

파란색 테이프를 $\frac{4}{3}$ m 가지고 있습니다.

빨간색 테이프와 파란색 테이프 중 더 짧은 테이프는 무슨 색입니까?

✎ 풀이 공간

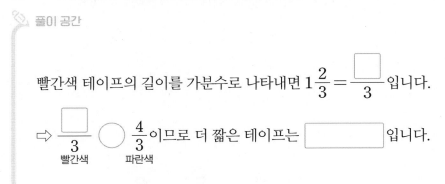

빨간색 테이프의 길이를 가분수로 나타내면 $1\frac{2}{3} = \frac{\boxed{}}{3}$ 입니다.

⇒ $\frac{\boxed{}}{3}$ ⬚ $\frac{4}{3}$ 이므로 더 짧은 테이프는 $\boxed{}$ 입니다.
빨간색   파란색

답 : _____

---

2 공부를 건우는 $\frac{7}{5}$ 시간 동안 했고, 소미는 $1\frac{4}{5}$ 시간 동안 했습니다.

건우와 소미 중 공부를 더 오래한 사람은 누구입니까?

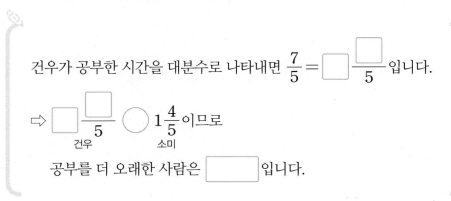

건우가 공부한 시간을 대분수로 나타내면 $\frac{7}{5} = \boxed{}\frac{\boxed{}}{5}$ 입니다.

⇒ $\boxed{}\frac{\boxed{}}{5}$ ⬚ $1\frac{4}{5}$ 이므로
건우   소미

공부를 더 오래한 사람은 $\boxed{}$ 입니다.

답 : _____

3 하윤이가 책을 어제는 $2\frac{1}{6}$ 시간 동안 읽었고, 오늘은 $\frac{11}{6}$ 시간 동안 읽었습니다.

어제와 오늘 중 책을 더 오래 읽은 날은 언제입니까?

답 : _____

4 지웅이네 집에서 학교까지의 거리는 $1\frac{3}{8}$ km이고, 도서관까지의 거리는 $\frac{13}{8}$ km입니다.

학교와 도서관 중 지웅이네 집에서 더 가까운 곳은 어디입니까?

답 : _____

5 꽃병을 만드는 데 찰흙을 은우는 $\frac{20}{9}$ 개 사용했고, 미소는 $2\frac{4}{9}$ 개 사용했습니다.

은우와 미소 중 찰흙을 더 많이 사용한 사람은 누구입니까?

답 : _____

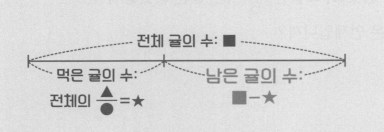

진아네 집에 귤이 21개 있었습니다.

이 중에서 $\frac{3}{7}$을 진아가 먹었습니다.

진아가 먹고 남은 귤은 몇 개입니까?

풀이 먹은 귤은 21개의 $\frac{3}{7}$이므로 9개입니다.

➡ (먹고 남은 귤의 수)=21－9=12(개)

답 12개

1 동욱이가 건전지를 6개 샀습니다. 이 중에서 $\frac{1}{3}$을 시계에 넣었습니다.

시계에 넣고 남은 건전지는 몇 개입니까?

✎ 풀이 공간

시계에 넣은 건전지는 6개의 $\frac{\square}{\square}$이므로 $\square$개입니다.

➡ (시계에 넣고 남은 건전지 수)=6－$\square$=$\square$(개)

답 : _____

2 연우네 어머니께서 감자를 10개 사셨습니다. 이 중에서 카레를 만드는 데 $\frac{3}{5}$을 사용했습니다.

카레를 만들고 남은 감자는 몇 개입니까?

✎

카레를 만드는 데 사용한 감자는 10개의 $\frac{\square}{\square}$이므로

$\square$개입니다.

➡ (카레를 만들고 남은 감자 수)=10－$\square$=$\square$(개)

답 : _____

③ 빵집에 단팥빵이 28개 있었습니다. 이 중에서 오전에 $\frac{1}{4}$을 팔았습니다.

오전에 팔고 남은 단팥빵은 몇 개입니까?

답 : _____

④ 도윤이는 색종이를 40장 가지고 있었습니다. 이 중에서 $\frac{5}{8}$를 누나에게 주었습니다.

누나에게 주고 남은 색종이는 몇 장입니까?

답 : _____

⑤ 길이가 42 cm인 끈이 있었습니다. 이 중에서 $\frac{5}{6}$를 사용하여 선물을 포장했습니다.

선물을 포장하고 남은 끈의 길이는 몇 cm입니까?

답 : _____

16 부분의 양을 이용하여 전체의 양을 구하는 문장제

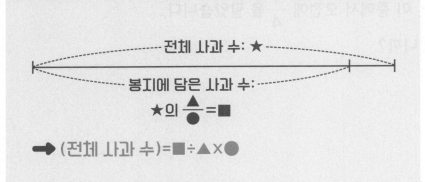

● 문제를 읽고 해결하기

진규가 사과 14개를 봉지에 담았습니다.
진규가 봉지에 담은 사과 수가 전체 사과 수의
$\frac{7}{8}$일 때 전체 사과는 모두 몇 개입니까?

풀이 전체 사과 수를 □개라 하면
　　　□개의 $\frac{7}{8}$이 14개입니다.
　　　⇨ □ $=14\div7\times8=16$

답 16개

1 가은이네 가족이 피자를 6조각 먹었습니다.

가은이네 가족이 먹은 피자 조각 수가 전체 피자 조각 수의 $\frac{3}{4}$일 때,

전체 피자는 모두 몇 조각입니까?

✎ 풀이 공간

전체 피자 조각 수를 ■조각이라 하면

■조각의 $\frac{3}{4}$이 □조각입니다.

⇨ ■ $=6\div3\times4=$ □

답 : _____

2 승원이네 반 여학생은 16명입니다.

여학생 수가 승원이네 반 학생 수의 $\frac{4}{7}$일 때, 승원이네 반 학생은 모두 몇 명입니까?

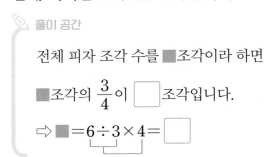

승원이네 반 학생 수를 ■명이라 하면

■명의 $\frac{4}{7}$가 □명입니다.

⇨ ■ $=16\div4\times7=$ □

답 : _____

❸ 종이 접기를 하는 데 색종이를 10장 사용했습니다.

종이 접기를 하는 데 사용한 색종이 수가 전체 색종이 수의 $\frac{5}{6}$일 때,

전체 색종이는 모두 몇 장입니까?

답 : _____

❹ 나비 모양을 만드는 데 철사를 28 cm 사용했습니다.

나비 모양을 만드는 데 사용한 철사 길이가 전체 철사 길이의 $\frac{4}{5}$일 때,

전체 철사 길이는 모두 몇 cm입니까?

답 : _____

❺ 수지가 오늘까지 푼 문제집의 쪽수는 32쪽입니다.

오늘까지 푼 문제집 쪽수가 문제집 전체 쪽수의 $\frac{2}{9}$일 때,

문제집 전체 쪽수는 모두 몇 쪽입니까?

답 : _____

○ 그림을 보고 ☐ 안에 알맞은 수를 써넣으시오.

1

12를 3씩 묶으면 ☐ 묶음이 됩니다.

3은 12의 $\dfrac{\square}{\square}$ 입니다.

2

16의 $\dfrac{1}{8}$ 은 ☐ 입니다.

16의 $\dfrac{3}{8}$ 은 ☐ 입니다.

○ 진분수는 '진', 가분수는 '가', 대분수는 '대'를 써 보시오.

3 $\dfrac{5}{4}$ (   )

4 $1\dfrac{3}{5}$ (   )

5 $\dfrac{6}{7}$ (   )

○ 대분수를 가분수로, 가분수를 대분수로 나타내어 보시오.

6 $2\dfrac{5}{6} =$

7 $1\dfrac{3}{7} =$

8 $\dfrac{9}{4} =$

9 $\dfrac{13}{8} =$

○ 분수의 크기를 비교하여 ◯ 안에 >, =, <를 알맞게 써넣으시오.

10 $\dfrac{5}{3}$ ◯ $\dfrac{8}{3}$

11 $3\dfrac{7}{9}$ ◯ $3\dfrac{2}{9}$

12 $\dfrac{12}{5}$ ◯ $2\dfrac{3}{5}$

13 ☐ 안에 알맞은 수를 써넣으시오.

$$\boxed{}\text{의 }\frac{3}{5}\text{은 6입니다.}$$

14 수 카드를 모두 한 번씩만 사용하여 가장 큰 대분수를 만들었습니다. 만든 대분수를 가분수로 나타내어 보시오.

2 7 5

(   )

15 수 카드 중에서 2장을 골라 가장 큰 가분수를 만들었습니다. 만든 가분수를 대분수로 나타내어 보시오.

7 4 3

(   )

16 지석이는 연필을 16자루 가지고 있었습니다. 이 중에서 $\frac{3}{8}$을 친구에게 주었습니다. 친구에게 주고 남은 연필은 몇 자루입니까?

(   )

17 수아네 집에서 공원까지의 거리는 $\frac{5}{4}$ km이고, 시장까지의 거리는 $1\frac{3}{4}$ km입니다. 공원과 시장 중에서 수아네 집과 더 가까운 곳은 어디입니까?

(   )

18 윤후네 반에서 안경을 낀 학생은 12명입니다. 안경을 낀 학생 수는 윤후네 반 학생 수의 $\frac{4}{9}$일 때, 윤후네 반 학생은 모두 몇 명입니까?

(   )

들이와 무게

학습 내용	일 차	맞힌 개수	걸린 시간
① 들이의 단위 1 L와 1 mL의 관계	1일 차	/22개	/6분
② 들이의 덧셈	2일 차	/22개	/12분
③ 들이의 뺄셈	3일 차	/22개	/12분
④ 들이의 합 구하기	4일 차	/16개	/12분
⑤ 들이의 차 구하기			
⑥ 들이의 덧셈식 완성하기	5일 차	/12개	/12분
⑦ 들이의 뺄셈식 완성하기			
⑧ 들이의 덧셈 문장제	6일 차	/5개	/7분
⑨ 들이의 뺄셈 문장제	7일 차	/5개	/7분
⑩ 들이의 덧셈과 뺄셈 문장제	8일 차	/5개	/9분

◆ 맞힌 개수와 걸린 시간을 작성해 보세요.

학습 내용	일 차	맞힌 개수	걸린 시간
⑪ 무게의 단위 1 kg, 1 g, 1 t의 관계	9일 차	/22개	/6분
⑫ 무게의 덧셈	10일 차	/22개	/12분
⑬ 무게의 뺄셈	11일 차	/22개	/12분
⑭ 무게의 합 구하기	12일 차	/16개	/12분
⑮ 무게의 차 구하기			
⑯ 무게의 덧셈식 완성하기	13일 차	/12개	/12분
⑰ 무게의 뺄셈식 완성하기			
⑱ 무게의 덧셈 문장제	14일 차	/5개	/7분
⑲ 무게의 뺄셈 문장제	15일 차	/5개	/7분
⑳ 무게의 덧셈과 뺄셈 문장제	16일 차	/5개	/9분
평가 5. 들이와 무게	17일 차	/20개	/22분

• 들이의 단위

들이의 단위에는 **리터**와 **밀리리터** 등이 있습니다.

쓰기	1L	1mL
읽기	1 리터	1 밀리리터
들이 단위 사이의 관계	1 L =1000 mL	

1 L =1000 mL
리터 밀리리터

• '몇 L 몇 mL'와 '몇 mL'로 나타내기

1 L보다 500 mL 더 많은 들이

⇨ 쓰기 **1 L 500 mL**   읽기 **1 리터 500 밀리리터**

$$1 \text{ L } 500 \text{ mL} = 1500 \text{ mL}$$

○ ☐ 안에 알맞은 수를 써넣으시오.

❶ 4 L = ☐ mL

❷ 7 L = ☐ mL

❸ 13 L = ☐ mL

❹ 36 L = ☐ mL

❺ 1 L 300 mL = ☐ mL

❻ 3 L 900 mL = ☐ mL

❼ 10 L 60 mL = ☐ mL

❽ 21 L 100 mL = ☐ mL

⑨ 2000 mL = ☐ L

⑩ 5000 mL = ☐ L

⑪ 8000 mL = ☐ L

⑫ 14000 mL = ☐ L

⑬ 20000 mL = ☐ L

⑭ 41000 mL = ☐ L

⑮ 57000 mL = ☐ L

⑯ 1200 mL = ☐ L ☐ mL

⑰ 3300 mL = ☐ L ☐ mL

⑱ 4800 mL = ☐ L ☐ mL

⑲ 7050 mL = ☐ L ☐ mL

⑳ 11600 mL = ☐ L ☐ mL

㉑ 29005 mL = ☐ L ☐ mL

㉒ 30090 mL = ☐ L ☐ mL

ㄴ는 **ㄴ끼리**, ㎖는 **㎖끼리** 더해!

㎖끼리의 합이

1000이거나 1000보다 크면

1000 mL를 1 L로 **받아올림**해!

• 2 L 600 mL+1 L 500 mL의 계산

```
      2 L        600 mL
  +   1 L        500 mL
      3 L       1100 mL
  + 1 L  ←  − 1000 mL  → 1000 mL를
      4 L        100 mL      1 L로 받아올림
                             합니다.
```

○ 계산해 보시오.

①
```
      1 L    300 mL
  +   1 L    100 mL
```

②
```
      3 L    200 mL
  +   2 L    400 mL
```

③
```
      4 L    250 mL
  +   5 L    300 mL
```

④
```
      5 L    220 mL
  +   3 L    730 mL
```

⑤
```
      3 L    500 mL
  +   4 L    700 mL
```

⑥
```
      5 L    600 mL
  +   3 L    900 mL
```

⑦
```
      6 L    800 mL
  +   7 L    350 mL
```

⑧
```
      8 L    480 mL
  +   5 L    940 mL
```

⑨ 1 L 600 mL+1 L 200 mL
=

⑯ 1 L 700 mL+2 L 600 mL
=

⑩ 2 L 400 mL+3 L 100 mL
=

⑰ 3 L 500 mL+3 L 900 mL
=

⑪ 3 L 200 mL+1 L 700 mL
=

⑱ 4 L 800 mL+7 L 200 mL
=

⑫ 3 L 700 mL+3 L 150 mL
=

⑲ 5 L 740 mL+3 L 900 mL
=

⑬ 4 L 220 mL+5 L 370 mL
=

⑳ 6 L 500 mL+1 L 650 mL
=

⑭ 5 L 100 mL+2 L 750 mL
=

㉑ 7 L 460 mL+3 L 740 mL
=

⑮ 7 L 420 mL+2 L 360 mL
=

㉒ 9 L 890 mL+1 L 430 mL
=

L는 **L끼리**, mL는 **mL끼리** 빼!
mL끼리 뺄 수 없으면
1 L를 1000 mL로 **받아내림**해!

● 5 L 200 mL−1 L 700 mL의 계산

$$
\begin{array}{r}
4 \quad\quad 1000 \longrightarrow \text{1 L를 1000 mL로}\\
5\,\text{L} \quad 200\ \text{mL} \quad \text{받아내림합니다.}\\
-\ 1\,\text{L} \quad 700\ \text{mL}\\
\hline
3\,\text{L} \quad 500\ \text{mL}
\end{array}
$$

○ 계산해 보시오.

❶

$$
\begin{array}{r}
3\,\text{L} \quad 500\ \text{mL}\\
-\ 1\,\text{L} \quad 100\ \text{mL}\\
\hline
\end{array}
$$

❷

$$
\begin{array}{r}
4\,\text{L} \quad 600\ \text{mL}\\
-\ 2\,\text{L} \quad 300\ \text{mL}\\
\hline
\end{array}
$$

❸

$$
\begin{array}{r}
5\,\text{L} \quad 850\ \text{mL}\\
-\ 4\,\text{L} \quad 500\ \text{mL}\\
\hline
\end{array}
$$

❹

$$
\begin{array}{r}
6\,\text{L} \quad 600\ \text{mL}\\
-\ 1\,\text{L} \quad 150\ \text{mL}\\
\hline
\end{array}
$$

❺

$$
\begin{array}{r}
5\,\text{L} \quad 700\ \text{mL}\\
-\ 3\,\text{L} \quad 800\ \text{mL}\\
\hline
\end{array}
$$

❻

$$
\begin{array}{r}
7\,\text{L} \quad 200\ \text{mL}\\
-\ 4\,\text{L} \quad 900\ \text{mL}\\
\hline
\end{array}
$$

❼

$$
\begin{array}{r}
9\,\text{L} \quad 250\ \text{mL}\\
-\ 7\,\text{L} \quad 600\ \text{mL}\\
\hline
\end{array}
$$

❽

$$
\begin{array}{r}
12\,\text{L} \quad 320\ \text{mL}\\
-\ 5\,\text{L} \quad 780\ \text{mL}\\
\hline
\end{array}
$$

⑨ 2 L 700 mL−1 L 200 mL
=

⑩ 3 L 500 mL−2 L 400 mL
=

⑪ 4 L 600 mL−4 L 300 mL
=

⑫ 5 L 600 mL−1 L 450 mL
=

⑬ 8 L 250 mL−1 L 200 mL
=

⑭ 10 L 570 mL−3 L 330 mL
=

⑮ 14 L 890 mL−8 L 440 mL
=

⑯ 6 L 100 mL−2 L 550 mL
=

⑰ 7 L 300 mL−5 L 600 mL
=

⑱ 8 L 200 mL−2 L 900 mL
=

⑲ 9 L 400 mL−1 L 800 mL
=

⑳ 9 L 510 mL−5 L 730 mL
=

㉑ 13 L 280 mL−7 L 690 mL
=

㉒ 16 L 360 mL−9 L 980 mL
=

합

→ **덧셈식**을 이용해!

● 두 들이의 합 구하기

4 L 400 mL	2 L 300 mL
6 L 700 mL	

4 L 400 mL＋2 L 300 mL＝6 L 700 mL

○ 두 들이의 합을 빈칸에 써넣으시오.

1

2 L 200 mL	1 L 100 mL

2

3 L 400 mL	4 L 300 mL

3

4 L 820 mL	1 L 140 mL

4

7 L 550 mL	2 L 200 mL

5

2 L 700 mL	5 L 800 mL

6

4 L 600 mL	3 L 500 mL

7

5 L 700 mL	3 L 350 mL

8

7 L 910 mL	2 L 620 mL

5 들이의 차 구하기

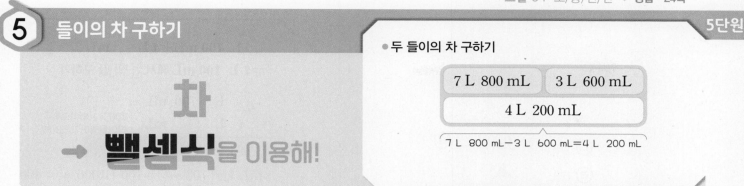

차
→ **뺄셈식**을 이용해!

● 두 들이의 차 구하기

7 L 800 mL	3 L 600 mL
4 L 200 mL	

7 L 800 mL−3 L 600 mL=4 L 200 mL

○ 두 들이의 차를 빈칸에 써넣으시오.

9

4 L 700 mL	2 L 300 mL

13

6 L 200 mL	1 L 450 mL

10

5 L 900 mL	2 L 200 mL

14

8 L 100 mL	2 L 900 mL

11

6 L 850 mL	2 L 500 mL

15

9 L 700 mL	2 L 800 mL

12

9 L 570 mL	5 L 420 mL

16

14 L 160 mL	8 L 640 mL

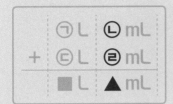

ⓒ 또는 ②이
▲보다 클 때,
받아올림에 주의해!

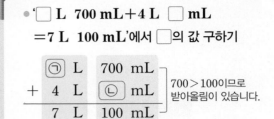

○ 들이의 덧셈식을 완성해 보시오.

1

$$
\begin{array}{r}
\boxed{} \text{ L} \quad 300 \text{ mL} \\
+ \quad 7 \text{ L} \quad \boxed{} \text{ mL} \\
\hline
8 \text{ L} \quad 900 \text{ mL}
\end{array}
$$

4

$$
\begin{array}{r}
\boxed{} \text{ L} \quad 800 \text{ mL} \\
+ \quad 4 \text{ L} \quad \boxed{} \text{ mL} \\
\hline
9 \text{ L} \quad 350 \text{ mL}
\end{array}
$$

2

$$
\begin{array}{r}
2 \text{ L} \quad \boxed{} \text{ mL} \\
+ \quad \boxed{} \text{ L} \quad 100 \text{ mL} \\
\hline
7 \text{ L} \quad 300 \text{ mL}
\end{array}
$$

5

$$
\begin{array}{r}
5 \text{ L} \quad \boxed{} \text{ mL} \\
+ \quad \boxed{} \text{ L} \quad 600 \text{ mL} \\
\hline
8 \text{ L} \quad 400 \text{ mL}
\end{array}
$$

3

$$
\begin{array}{r}
\boxed{} \text{ L} \quad 500 \text{ mL} \\
+ \quad 3 \text{ L} \quad \boxed{} \text{ mL} \\
\hline
7 \text{ L} \quad 200 \text{ mL}
\end{array}
$$

6

$$
\begin{array}{r}
6 \text{ L} \quad \boxed{} \text{ mL} \\
+ \quad \boxed{} \text{ L} \quad 250 \text{ mL} \\
\hline
11 \text{ L} \quad 150 \text{ mL}
\end{array}
$$

7 들이의 뺄셈식 완성하기

ⓒ이 ▲보다 작거나,
ⓔ＋▲가 1000이거나
1000보다 클 때,
받아내림에 주의해!

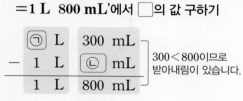

• '☐ L 300 mL − 1 L ☐ mL
= 1 L 800 mL'에서 ☐의 값 구하기

	㉠ L	300 mL	
−	1 L	㉡ mL	300＜800이므로 받아내림이 있습니다.
	1 L	800 mL	

• mL 단위 1000＋300−㉡=800, ㉡=500
↳ L 단위에서 받아내린 수

• L 단위 ㉠−1−1=1, ㉠=3
↳ mL 단위로 받아내림한 수

○ 들이의 뺄셈식을 완성해 보시오.

7

```
    ☐ L   800  mL
−   2 L   ☐    mL
─────────────────
    1 L   600  mL
```

10

```
    ☐ L   550  mL
−   5 L   ☐    mL
─────────────────
    1 L   800  mL
```

8

```
    4 L   ☐    mL
−   ☐ L   500  mL
─────────────────
    3 L   400  mL
```

11

```
    8 L   ☐    mL
−   ☐ L   600  mL
─────────────────
    5 L   700  mL
```

9

```
    ☐ L   200  mL
−   4 L   ☐    mL
─────────────────
    1 L   300  mL
```

12

```
    9 L   ☐    mL
−   ☐ L   850  mL
─────────────────
    3 L   250  mL
```

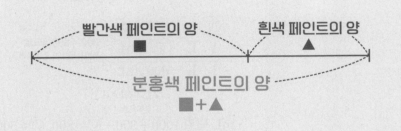

● 문제를 읽고 식을 세워 답 구하기

빨간색 페인트 4 L 100 mL와
흰색 페인트 2 L 300 mL를 섞어서
분홍색 페인트를 만들었습니다.
만든 분홍색 페인트는 모두 몇 L 몇 mL입니까?

식 4 L 100 mL+2 L 300 mL
　 =6 L 400 mL

답 6 L 400 mL

1. 연우네 집에 포도 주스가 1 L 200 mL 있고, 감귤 주스가 1 L 700 mL 있습니다.
연우네 집에 있는 포도 주스와 감귤 주스는 모두 몇 L 몇 mL입니까?

계산 공간

식 : _____

답 : _____

2. 물통에 찬물을 2 L 600 mL 부은 다음 더운물을 3 L 560 mL 더 부었습니다.
물통에 들어 있는 물은 모두 몇 L 몇 mL입니까?

식 : _____

답 : _____

③ 도넛을 만드는 데 우유를 4 L 300 mL 사용했고, 식용유를 2 L 600 mL 사용했습니다.
사용한 우유와 식용유는 모두 몇 L 몇 mL입니까?

식 : _____

답 : _____

④ 수조에 물이 5 L 900 mL 들어 있었습니다.
이 수조에 물을 1 L 400 mL 더 부었다면 수조에 들어 있는 물은 모두 몇 L 몇 mL입니까?

식 : _____

답 : _____

⑤ 현주네 반은 실험을 하기 위해
소금물 5400 mL와 설탕물 1 L 790 mL를 준비했습니다.
준비한 소금물과 설탕물은 모두 몇 L 몇 mL입니까?

식 : _____

답 : _____

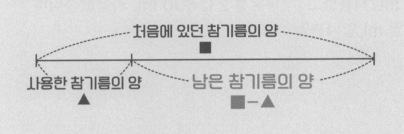

참기름이 3 L 900 mL 있었습니다.
그중에서 1 L 100 mL를 사용했다면
남은 참기름은 몇 L 몇 mL입니까?

식 3 L 900 mL − 1 L 100 mL
　　= 2 L 800 mL

답 2 L 800 mL

① 민지네 집에 식초가 2 L 500 mL 있었습니다.
　그중에서 1 L 400 mL를 사용했다면 남은 식초는 몇 L 몇 mL입니까?

✎ 계산 공간

식 : _____

답 : _____

② 진혁이네 가족이 물을 어제는 5 L 200 mL 마셨고,
　오늘은 3 L 900 mL 마셨습니다.
　어제는 오늘보다 물을 몇 L 몇 mL 더 많이 마셨습니까?

식 : _____

답 : _____

❸ 약수터에서 물을 지우가 2 L 700 mL 받았고,
상미가 1 L 300 mL 받았습니다.
지우는 상미보다 물을 몇 L 몇 mL 더 많이 받았습니까?

식 : _____

답 : _____

❹ 빈 어항에 물을 6 L 600 mL 부었다가 어항에서 물을 1 L 750 mL 덜어 냈습니다.
어항에 남은 물은 몇 L 몇 mL입니까?

식 : _____

답 : _____

❺ 들이가 5000 mL인 항아리에 간장을 가득 채우려고 합니다.
항아리에 간장이 3 L 920 mL 들어 있다면 몇 L 몇 mL 더 채워야 합니까?

식 : _____

답 : _____

개념플러스연산 파워 3-2

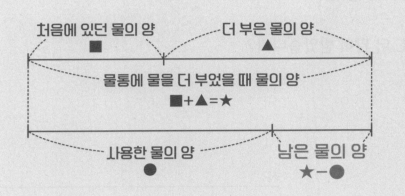

● 문제를 읽고 해결하기

물통에 물이 1 L 500 mL 있었는데
2 L 300 mL를 더 부었습니다.
그중에서 2 L 700 mL를 사용했다면
남은 물은 몇 L 몇 mL입니까?

풀이 (물통에 물을 더 부었을 때 물의 양)
$= 1\,L\,500\,mL + 2\,L\,300\,mL$
$= 3\,L\,800\,mL$
⇨ (남은 물의 양)
$= 3\,L\,800\,mL - 2\,L\,700\,mL$
$= 1\,L\,100\,mL$

답 1 L 100 mL

① 파란색 페인트 4 L 200 mL와 노란색 페인트 2 L 300 mL를 섞어서
초록색 페인트를 만들었습니다. 만든 초록색 페인트 중에서
3 L 400 mL를 사용했다면 남은 페인트는 몇 L 몇 mL입니까?

✎ 풀이 공간

(만든 초록색 페인트의 양)

$= 4\,L\,200\,mL + 2\,L\,300\,mL = \boxed{}\,L\,\boxed{}\,mL$

⇨ (남은 페인트의 양)

$= \boxed{}\,L\,\boxed{}\,mL - 3\,L\,400\,mL$

$= \boxed{}\,L\,\boxed{}\,mL$

답 : _____

② 현지네 집에 주스가 2 L 500 mL 있었습니다.
그중에서 1 L 100 mL를 마시고, 1 L 500 mL를 더 사 왔습니다.
현지네 집에 있는 주스는 몇 L 몇 mL입니까?

(마시고 남은 주스의 양)

$= 2\,L\,500\,mL - 1\,L\,100\,mL = \boxed{}\,L\,\boxed{}\,mL$

⇨ (현지네 집에 있는 주스의 양)

$= \boxed{}\,L\,\boxed{}\,mL + 1\,L\,500\,mL$

$= \boxed{}\,L\,\boxed{}\,mL$

답 : _____

③ 물이 ㉮ 물통에 1 L 700 mL 들어 있었고, ㉯ 물통에 2 L 800 mL 들어 있었습니다.
㉮와 ㉯ 물통에 들어 있는 물을 빈 수조에 모두 부었더니 600 mL가 넘쳤습니다.
수조의 들이는 몇 L 몇 mL입니까?

답 : _____

④ 하은이네 집에 꿀이 3 L 100 mL 있었습니다.
그중에서 1 L 300 mL를 사용하고, 할머니에게서 2 L 700 mL를 받았습니다.
하은이네 집에 있는 꿀은 몇 L 몇 mL입니까?

답 : _____

⑤ 우유 6 L 500 mL 중에서 쿠키를 만드는 데 1 L 700 mL를 사용하고,
빵을 만드는 데 2 L 950 mL를 사용했습니다.
남은 우유는 몇 L 몇 mL입니까?

답 : _____

• 무게의 단위

무게의 단위에는 **킬로그램**, **그램**, **톤** 등이 있습니다.

쓰기	1kg	1g	1t
읽기	1 킬로그램	1 그램	1 톤
무게 단위 사이의 관계	• 1 kg=1000 g • 1 t=1000 kg		

1 kg=1000 g

킬로그램   그램

1 t=1000 kg

톤   킬로그램

• '몇 kg 몇 g'과 '몇 g'으로 나타내기

1 kg보다 400 g 더 무거운 무게

⇨ 쓰기 **1 kg 400 g**   읽기 **1 킬로그램 400 그램**

$$1 \text{ kg } 400 \text{ g} = 1400 \text{ g}$$

○ ☐ 안에 알맞은 수를 써넣으시오.

❶ 2 kg = ☐ g

❷ 3 kg = ☐ g

❸ 23 kg = ☐ g

❹ 35 kg = ☐ g

❺ 1 kg 700 g = ☐ g

❻ 7 kg 30 g = ☐ g

❼ 19 kg 600 g = ☐ g

❽ 43 kg 55 g = ☐ g

⑨ 4000 g = ☐ kg

⑩ 8000 g = ☐ kg

⑪ 17000 g = ☐ kg

⑫ 1600 g = ☐ kg ☐ g

⑬ 3500 g = ☐ kg ☐ g

⑭ 7020 g = ☐ kg ☐ g

⑮ 24390 g = ☐ kg ☐ g

⑯ 2 t = ☐ kg

⑰ 4 t = ☐ kg

⑱ 12 t = ☐ kg

⑲ 3000 kg = ☐ t

⑳ 5000 kg = ☐ t

㉑ 8000 kg = ☐ t

㉒ 19000 kg = ☐ t

kg은 **kg끼리**, g은 **g끼리** 더해!

g끼리의 합이

1000이거나 1000보다 크면

1000 g을 1 kg으로 **받아올림**해!

● 5 kg 800 g＋2 kg 400 g의 계산

$$
\begin{array}{r r}
5\ \mathrm{kg} & 800\ \mathrm{g} \\
+\quad 2\ \mathrm{kg} & 400\ \mathrm{g} \\
\hline
7\ \mathrm{kg} & 1200\ \mathrm{g} \\
\hline
+1\ \mathrm{kg}\ \leftarrow\ -1000\ \mathrm{g} & \\
\hline
8\ \mathrm{kg} & 200\ \mathrm{g}
\end{array}
$$

→ 1000 g을 1 kg으로 받아올림합니다.

○ 계산해 보시오.

①

	kg	g
	1 kg	200 g
+	4 kg	200 g

②

	kg	g
	2 kg	700 g
+	5 kg	100 g

③

	kg	g
	3 kg	450 g
+	6 kg	300 g

④

	kg	g
	5 kg	230 g
+	3 kg	640 g

⑤

	kg	g
	3 kg	600 g
+	3 kg	900 g

⑥

	kg	g
	4 kg	500 g
+	2 kg	700 g

⑦

	kg	g
	5 kg	800 g
+	4 kg	550 g

⑧

	kg	g
	6 kg	720 g
+	7 kg	430 g

9 1 kg 400 g＋3 kg 500 g
=

10 2 kg 200 g＋2 kg 300 g
=

11 3 kg 500 g＋5 kg 100 g
=

12 4 kg 300 g＋2 kg 450 g
=

13 5 kg 650 g＋3 kg 200 g
=

14 6 kg 330 g＋4 kg 350 g
=

15 7 kg 120 g＋1 kg 670 g
=

16 1 kg 900 g＋3 kg 500 g
=

17 2 kg 700 g＋4 kg 300 g
=

18 4 kg 560 g＋3 kg 700 g
=

19 5 kg 600 g＋5 kg 600 g
=

20 7 kg 400 g＋1 kg 750 g
=

21 8 kg 350 g＋2 kg 660 g
=

22 9 kg 440 g＋7 kg 970 g
=

kg은 **kg끼리**, g은 **g끼리** 빼!

g끼리 뺄 수 없으면

1 kg을 1000 g으로 **받아내림**해!

● 6 kg 300 g − 3 kg 400 g의 계산

	5	1000	→ 1 kg을 1000 g으로 받아내림합니다.
	6 kg	300 g	
−	3 kg	400 g	
	2 kg	900 g	

○ 계산해 보시오.

❶

	kg	g
	3 kg	800 g
−	1 kg	100 g

❷

	kg	g
	4 kg	600 g
−	2 kg	500 g

❸

	kg	g
	7 kg	950 g
−	3 kg	600 g

❹

	kg	g
	9 kg	720 g
−	1 kg	580 g

❺

	kg	g
	6 kg	400 g
−	3 kg	700 g

❻

	kg	g
	7 kg	200 g
−	1 kg	300 g

❼

	kg	g
	9 kg	200 g
−	4 kg	350 g

❽

	kg	g
	13 kg	420 g
−	9 kg	860 g

⑨ 2 kg 300 g−1 kg 100 g
=

⑩ 4 kg 500 g−2 kg 300 g
=

⑪ 5 kg 900 g−3 kg 200 g
=

⑫ 6 kg 750 g−3 kg 400 g
=

⑬ 7 kg 500 g−1 kg 250 g
=

⑭ 8 kg 840 g−4 kg 320 g
=

⑮ 9 kg 360 g−2 kg 240 g
=

⑯ 4 kg 800 g−2 kg 900 g
=

⑰ 5 kg 200 g−3 kg 400 g
=

⑱ 6 kg 100 g−2 kg 600 g
=

⑲ 7 kg 150 g−3 kg 400 g
=

⑳ 10 kg 200 g−7 kg 650 g
=

㉑ 15 kg 370 g−8 kg 540 g
=

㉒ 19 kg 410 g−9 kg 760 g
=

합
→ 덧셈식을 이용해!

● 두 무게의 합 구하기

2 kg 200 g	1 kg 400 g
3 kg 600 g	

2 kg 200 g+1 kg 400 g=3 kg 600 g

○ 두 무게의 합을 빈칸에 써넣으시오.

1
1 kg 300 g	2 kg 100 g

2
3 kg 200 g	4 kg 700 g

3
4 kg 250 g	2 kg 200 g

4
5 kg 440 g	5 kg 160 g

5
3 kg 400 g	2 kg 700 g

6
4 kg 800 g	1 kg 800 g

7
7 kg 600 g	1 kg 950 g

8
9 kg 330 g	7 kg 710 g

15 무게의 차 구하기

차

→ **뺄셈식**을 이용해!

● 두 무게의 차 구하기

5 kg 400 g	1 kg 100 g
4 kg 300 g	

5 kg 400 g − 1 kg 100 g = 4 kg 300 g

○ 두 무게의 차를 빈칸에 써넣으시오.

9

2 kg 800 g	1 kg 200 g

13

3 kg 300 g	2 kg 500 g

10

4 kg 700 g	1 kg 600 g

14

8 kg 600 g	3 kg 900 g

11

7 kg 700 g	5 kg 550 g

15

13 kg 400 g	6 kg 750 g

12

8 kg 860 g	2 kg 230 g

16

17 kg 560 g	9 kg 820 g

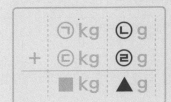

16 무게의 덧셈식 완성하기

개념플러스연산 파워 3-2

ⓛ 또는 ㉣이
▲보다 클 때,
받아올림에 주의해!

	㉠kg	㉡g
+	㉢kg	㉣g
	■kg	▲g

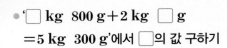

• '☐ kg 800 g+2 kg ☐ g
  =5 kg 300 g'에서 ☐의 값 구하기

	㉠ kg	800 g
+	2 kg	㉡ g
	5 kg	300 g

800>300이므로 받아올림이 있습니다.

• g 단위   800+㉡=300+1000, ㉡=500
• kg 단위 1+㉠+2=5, ㉠=2
  └ g 단위에서 받아올림한 수

○ 무게의 덧셈식을 완성해 보시오.

❶

	☐ kg	100 g
+	5 kg	☐ g
	7 kg	200 g

❹

	☐ kg	350 g
+	3 kg	☐ g
	9 kg	150 g

❷

	3 kg	☐ g
+	☐ kg	600 g
	5 kg	800 g

❺

	6 kg	☐ g
+	☐ kg	600 g
	8 kg	100 g

❸

	☐ kg	400 g
+	1 kg	☐ g
	6 kg	300 g

❻

	7 kg	☐ g
+	☐ kg	800 g
	11 kg	550 g

17 무게의 뺄셈식 완성하기

㉡이 ▲보다 작거나,
㉣+▲가 1000이거나
1000보다 클 때,
받아내림에 주의해!

• '□ kg 100 g − 2 kg □ g
= 1 kg 300 g'에서 □의 값 구하기

㉠ kg	100 g	
− 2 kg	㉡ g	100<300이므로 받아내림이 있습니다.
1 kg	300 g	

• kg 단위에서 받아내린 수
• g 단위 1000+100−㉡=300, ㉡=800
• kg 단위 ㉠−1−2=1, ㉠=4
• g 단위로 받아내림한 수

○ 무게의 뺄셈식을 완성해 보시오.

7

	□ kg	900	g
−	1 kg	□	g
	1 kg	800	g

10

	□ kg	100	g
−	2 kg	□	g
	3 kg	350	g

8

	3 kg	□	g
−	□ kg	200	g
	1 kg	300	g

11

	6 kg	□	g
−	□ kg	400	g
	3 kg	900	g

9

	□ kg	200	g
−	1 kg	□	g
	2 kg	300	g

12

	7 kg	□	g
−	□ kg	950	g
	2 kg	750	g

· 개념플러스연산 파워 3-2

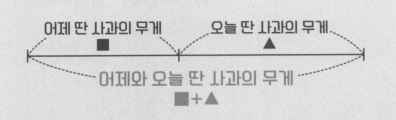

1 찰흙을 진수는 1 kg 500 g 사용했고, 현호는 2 kg 400 g 사용했습니다.
진수와 현호가 사용한 찰흙은 모두 몇 kg 몇 g입니까?

✎ 계산 공간

식 : _____

답 : _____

2 재명이네 집에 고구마가 3 kg 800 g 있었습니다.
어머니께서 고구마를 2 kg 600 g 더 사 오셨다면
재명이네 집에 있는 고구마는 모두 몇 kg 몇 g입니까?

식 : _____

답 : _____

③ 현준이네 집에 콩은 8 kg 600 g 있고, 쌀은 콩보다 1 kg 200 g 더 많이 있습니다.
현준이네 집에 있는 쌀은 몇 kg 몇 g입니까?

식 : _____

답 : _____

④ 유희의 몸무게는 30 kg 400 g이고, 강아지의 무게는 3 kg 850 g입니다.
유희가 강아지를 안고 무게를 재면 몇 kg 몇 g입니까?

식 : _____

답 : _____

⑤ 식당에서 오늘 소금을 2 kg 900 g 사용했고, 설탕을 1260 g 사용했습니다.
오늘 사용한 소금과 설탕은 모두 몇 kg 몇 g입니까?

식 : _____

답 : _____

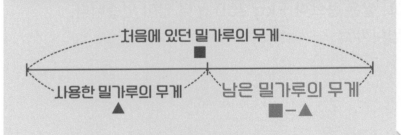

●문제를 읽고 식을 세워 답 구하기

밀가루가 4 kg 600 g 있었습니다.
그중에서 빵을 만드는 데 2 kg 400 g 사용했다면
남은 밀가루는 몇 kg 몇 g입니까?

식 4 kg 600 g−2 kg 400 g= 2 kg 200 g

답 2 kg 200 g

1 윤미네 집에 귤이 7 kg 300 g 있었습니다.
그중에서 5 kg 200 g을 먹었다면 남은 귤은 몇 kg 몇 g입니까?

✎ 계산 공간

식 : _____

답 : _____

2 밭에서 감자를 유겸이가 9 kg 500 g 캤고, 라희가 6 kg 650 g 캤습니다.
유겸이는 라희보다 감자를 몇 kg 몇 g 더 많이 캤습니까?

식 : _____

답 : _____

❸ 하준이가 짐을 싼 여행용 가방의 무게를 재어 보니 8 kg 600 g이었습니다.
이 가방에서 장난감을 빼고 다시 무게를 재어 보니 7 kg 500 g이었습니다.
가방에서 뺀 장난감은 몇 kg 몇 g입니까?

식 : _____

답 : _____

❹ 민주의 몸무게는 34 kg 500 g이고, 영아의 몸무게는 32 kg 800 g입니다.
민주는 영아보다 몇 kg 몇 g 더 무겁습니까?

식 : _____

답 : _____

❺ 지우의 책상은 19 kg 200 g이고, 의자는 책상보다 9300 g 더 가볍습니다.
의자는 몇 kg 몇 g입니까?

식 : _____

답 : _____

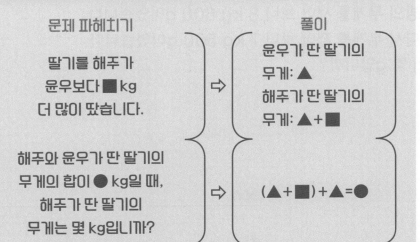

문제 파헤치기

딸기를 해주가
윤우보다 ■ kg
더 많이 땄습니다.

해주와 윤우가 딴 딸기의
무게의 합이 ● kg일 때,
해주가 딴 딸기의
무게는 몇 kg입니까?

풀이

윤우가 딴 딸기의
무게: ▲
해주가 딴 딸기의
무게: ▲+■

(▲+■)+▲=●

● 문제를 읽고 해결하기

딸기를 해주가 윤우보다 4 kg 더 많이 땄습니다.
해주와 윤우가 딴 딸기의 무게의 합이 14 kg일 때, 해주가 딴 딸기의 무게는 몇 kg입니까?

풀이 윤우가 딴 딸기의 무게: ■ kg
해주가 딴 딸기의 무게: (■+4) kg
⇨ (■+4)+■=14, ■+■=10,
■=5
따라서 해주가 딴 딸기의 무게는
5+4=9(kg)입니다.

답 9 kg

---

1 찰흙을 현아가 민규보다 2 kg 더 많이 가지고 있습니다.
현아와 민규가 가지고 있는 찰흙의 무게의 합이 10 kg일 때,
현아가 가지고 있는 찰흙의 무게는 몇 kg입니까?

✎ 풀이 공간

민규가 가지고 있는 찰흙의 무게: ■ kg
현아가 가지고 있는 찰흙의 무게: (■+2) kg
⇨ (■+2)+■=☐ , ■+■=☐ , ■=☐
따라서 현아가 가지고 있는 찰흙의 무게는
☐ +2=☐ (kg)입니다.

답 : _____

---

2 오늘 정육점에서 소고기를 돼지고기보다 6 kg 더 적게 팔았습니다.
오늘 판매한 소고기와 돼지고기의 무게의 합이 20 kg일 때,
판매한 소고기의 무게는 몇 kg입니까?

돼지고기의 무게: ■ kg
소고기의 무게: (■−6) kg
⇨ (■−6)+■=20, ■+■=☐ , ■=☐
따라서 판매한 소고기의 무게는
☐ −6=☐ (kg)입니다.

답 : _____

③ ㉮ 철근이 ㉯ 철근보다 12 kg 더 무겁습니다.
㉮ 철근과 ㉯ 철근의 무게의 합이 50 kg일 때, ㉮ 철근의 무게는 몇 kg입니까?

답 : _____

④ 소율이의 몸무게는 하진이의 몸무게보다 4 kg 더 가볍습니다.
소율이와 하진이의 몸무게의 합이 64 kg일 때, 소율이의 몸무게는 몇 kg입니까?

답 : _____

⑤ 빵을 만드는 데 설탕을 연아가 유민이보다 40 g 더 적게 사용했습니다.
연아와 유민이가 사용한 설탕의 무게의 합이 560 g일 때,
연아가 사용한 설탕의 무게는 몇 g입니까?

답 : _____

○ ☐ 안에 알맞은 수를 써넣으시오.

1 1 L = ☐ mL

2 4 L 900 mL = ☐ mL

3 8020 mL = ☐ L ☐ mL

○ 계산해 보시오.

4
$$\begin{array}{r} 3\,L\ \ 700\,mL \\ +\ 2\,L\ \ 200\,mL \\ \hline \end{array}$$

5
$$\begin{array}{r} 6\,L\ \ 800\,mL \\ -\ 4\,L\ \ 300\,mL \\ \hline \end{array}$$

6 5 L 450 mL + 3 L 650 mL
=

7 9 L 300 mL − 2 L 480 mL
=

○ ☐ 안에 알맞은 수를 써넣으시오.

8 6 kg = ☐ g

9 7110 g = ☐ kg ☐ g

10 9000 kg = ☐ t

○ 계산해 보시오.

11
$$\begin{array}{r} 2\,kg\ \ 400\,g \\ +\ 5\,kg\ \ 300\,g \\ \hline \end{array}$$

12
$$\begin{array}{r} 9\,kg\ \ 500\,g \\ -\ 3\,kg\ \ 100\,g \\ \hline \end{array}$$

13 4 kg 800 g + 5 kg 350 g
=

14 8 kg 260 g − 5 kg 720 g
=

15 수조에 물이 6 L 300 mL 들어 있었습니다. 이 수조에 물을 3 L 400 mL 더 부었다면 수조에 들어 있는 물은 모두 몇 L 몇 mL입니까?

식_____

답_____

16 식당에서 오늘 식용유를 3 L 700 mL 사용했고, 참기름을 1 L 200 mL 사용했습니다. 오늘 사용한 식용유는 참기름보다 몇 L 몇 mL 더 많습니까?

식_____

답_____

17 물 4 L 250 mL와 매실 원액 1 L 850 mL를 섞어서 매실주스를 만들었습니다. 만든 매실주스 중에서 2 L 900 mL를 마셨다면 남은 매실주스는 몇 L 몇 mL입니까?

(_____)

18 케이크를 만드는 데 밀가루는 2 kg 600 g 사용했고, 설탕은 1 kg 100 g 사용했습니다. 사용한 밀가루와 설탕은 모두 몇 kg 몇 g입니까?

식_____

답_____

19 수민이네 집에 양파가 7 kg 200 g 있었습니다. 그중에서 5 kg 400 g을 사용했습니다. 남은 양파는 몇 kg 몇 g입니까?

식_____

답_____

20 지점토를 명수가 지호보다 2 kg 더 많이 사용했습니다. 명수와 지호가 사용한 지점토의 무게의 합이 8 kg일 때, 명수가 사용한 지점토의 무게는 몇 kg입니까?

(_____)

자료의 정리

● 맞힌 개수와 걸린 시간을 작성해 보세요.

학습 내용	일 차	맞힌 개수	걸린 시간
④ 가장 많이 준비해야 할 항목 구하기	4일 차	/4개	/5분
⑤ 표와 그림그래프 완성하기			
⑥ 그림의 단위를 구하여 자료의 수 구하기	5일 차	/4개	/6분
⑦ 전체의 수를 구하여 문제 해결하기			
평가 6. 자료의 정리	6일 차	/10개	/17분

표에서

각 항목별 **자료의 수**와
자료의 합계를 쉽게 알 수 있어!

○ 은수가 가지고 있는 학용품을 조사하여 표로 나타내었습니다. 물음에 답하시오.

학용품 수

학용품	가위	자	풀	지우개	합계
학용품 수(개)	8	3	2		17

1 은수가 가지고 있는 지우개는 몇 개입니까?

( )

2 은수가 가장 적게 가지고 있는 학용품은 무엇입니까?

( )

3 가위는 자보다 몇 개 더 많습니까?

( )

4 은수가 많이 가지고 있는 학용품부터 순서대로 써 보시오.

( )

○ 경희네 반 학생들이 좋아하는 분식을 조사하여 표로 나타내었습니다. 물음에 답하시오.

학생들이 좋아하는 분식

분식	떡볶이	어묵	라면	김밥	합계
남학생 수(명)	6	3	5	1	
여학생 수(명)	4	3	2		12

❺ 표의 빈칸에 알맞은 수를 써넣으시오.

❻ 경희네 반 학생은 모두 몇 명입니까?

(   )

❼ 가장 적은 남학생들이 좋아하는 분식은 무엇입니까?

(   )

❽ 경희네 반 학생들에게 나누어 줄 분식을 한 가지 준비하려고 합니다.
어떤 분식을 준비하는 것이 좋겠습니까?

(   )

조사한 수를 그림으로 나타낸 그래프 → 그림그래프

아파트 동별 자동차 수

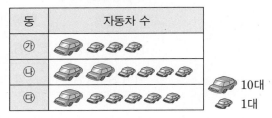

동	자동차 수
㉮	
㉯	
㉰	

🚗 10대
🚗 1대

• ㉮ 동의 자동차 수는 13대입니다.

• 자동차 수가 많은 동부터 순서대로 쓰면 ㉯ 동, ㉰ 동, ㉮ 동입니다.

○ 민지네 학교 3학년 학생들이 가고 싶어 하는 나라를 조사하여 그림그래프로 나타내었습니다. 물음에 답하시오.

학생들이 가고 싶어 하는 나라

나라	학생 수
미국	😊 😊 😊 😊 😊 😊 😊
영국	😊 😊 😊 😊 😊 😊
호주	😊 😊 😊 😊 😊 😊 😊 😊
캐나다	😊 😊 😊 😊 😊 😊 😊 😊 😊

😊 10명
😊 1명

❶ 그림 😊과 😊은 각각 몇 명을 나타내고 있습니까?

😊 (   ), 😊 (   )

❷ 영국에 가고 싶어 하는 학생은 몇 명입니까?

(   )

❸ 호주와 캐나다 중 더 많은 학생들이 가고 싶어 하는 나라는 어디입니까?

(   )

○ 마을별 초등학생 수를 조사하여 그림그래프로 나타내었습니다. 물음에 답하시오.

마을별 초등학생 수

마을	초등학생 수
행복	🧍🧍🧍🧍🧍
희망	🧍🧍🧍🧍
사랑	🧍🧍🧍🧍🧍🧍🧍
보람	🧍🧍🧍🧍🧍🧍🧍🧍

🧍 100명
🧍 10명

❹ 행복 마을의 초등학생은 몇 명입니까?

(   )

❺ 초등학생이 가장 많은 마을은 어느 마을이고, 몇 명입니까?

(,   )

❻ 사랑 마을의 초등학생은 보람 마을의 초등학생보다 몇 명 더 많습니까?

(   )

❼ 초등학생이 적은 마을부터 순서대로 써 보시오.

(   )

• 개념플러스연산 파워 3-2

① **그림을 몇 가지**로 나타낼지 정해!
② **어떤 그림**으로 나타낼지 정해!
③ **그림으로 단위를 어떻게 나타낼** 것인지 정해!
④ 그림그래프의 제목을 써!

• 그림그래프로 나타내기

학생들이 좋아하는 과목

과목	국어	수학	사회	합계
학생 수(명)	12	7	5	24

학생들이 좋아하는 과목

과목	학생 수
국어	☺ ☺ ☺
수학	☺☺☺☺☺☺
사회	☺☺☺☺☺

☺ 10명
☺ 1명

참고 2개의 단위로 그림그래프를 그렸을 때 그림의 수가 많은 경우 3개의 단위로 나타내면 더 간단하게 나타낼 수 있습니다.

◎ 세진이네 반 학생들이 모둠별로 모은 빈 병 수를 조사하여 표로 나타내었습니다. 물음에 답하시오.

모둠별 모은 빈 병 수

모둠	가	나	다	라	합계
빈 병 수(병)	25	30	17	22	94

❶ 표를 보고 그림그래프로 나타낼 때 그림을 몇 가지로 나타내는 것이 좋겠습니까?

(   )

❷ 표를 보고 그림그래프를 완성해 보시오.

모둠별 모은 빈 병 수

모둠	빈 병 수
가	◎ ◎ ○○○○○
나	
다	
라	

◎ 10병
○ 1병

○ 윤기네 학교 3학년 학생들이 좋아하는 계절을 조사하여 표로 나타내었습니다. 물음에 답하시오.

학생들이 좋아하는 계절

계절	봄	여름	가을	겨울	합계
학생 수 (명)	27	16	32	20	95

○ 어느 음식점에서 일주일 동안 팔린 음식의 수를 조사하여 표로 나타내었습니다. 물음에 답하시오.

일주일 동안 팔린 음식의 수

종류	볶음밥	불고기	갈비탕	만둣국	합계
음식의 수 (그릇)	220	150	190	80	640

③ 표를 보고 그림그래프로 나타내어 보시오.

학생들이 좋아하는 계절

계절	학생 수
봄	
여름	
가을	
겨울	

◎10명 ○1명

⑤ 표를 보고 그림그래프로 나타내어 보시오.

일주일 동안 팔린 음식의 수

종류	음식의 수
볶음밥	
불고기	
갈비탕	
만둣국	

◎100그릇 ○10그릇

④ 표를 보고 ◎는 10명, △는 5명, ○는 1명으로 하여 그림그래프로 나타내어 보시오.

학생들이 좋아하는 계절

계절	학생 수
봄	
여름	
가을	
겨울	

◎ ☐ 명 △ ☐ 명 ○ ☐ 명

⑥ 표를 보고 ◎는 100그릇, △는 50그릇, ○는 10그릇으로 하여 그림그래프로 나타내어 보시오.

일주일 동안 팔린 음식의 수

종류	음식의 수
볶음밥	
불고기	
갈비탕	
만둣국	

◎ ☐ 그릇 △ ☐ 그릇 ○ ☐ 그릇

4 가장 많이 준비해야 할 항목 구하기

● 어느 제과점에서 하루 동안 팔린 빵의 수를 조사하여 나타낸 그림그래프를 보고 가장 많이 준비해야 할 빵 구하기

하루 동안 팔린 빵의 수

종류	빵의 수
단팥빵	🥐🥐🥐🥐
식빵	🥐🥐🥐🥐🥐
크림빵	🥐🥐🥐

🥐 10개 🥐 1개

제과점에서 하루 동안 팔린 빵의 수를 구하면
단팥빵은 40개, 식빵은 15개, 크림빵은 22개이므로
가장 많이 팔린 빵은 단팥빵입니다.
⇨ 가장 많이 준비해야 할 빵: 단팥빵

가장 많이 준비해야 할 항목
↓
자료의 수가 **가장 큰** 항목

---

① 민호네 학교 3학년 학생들이 좋아하는 음료수를 조사하여 그림그래프로 나타내었습니다. 민호네 학교에서 학생들에게 나누어 줄 음료수를 준비할 때, 가장 많이 준비해야 할 음료수는 무엇입니까?

학생들이 좋아하는 음료수

음료수	학생 수
주스	😊😊😊🙂
콜라	😊😊🙂🙂🙂
사이다	😊😊😊😊🙂
식혜	😊🙂🙂🙂🙂

😊 10명 🙂 1명

(   )

② 준희네 마을 학생들이 배우고 싶어 하는 외국어를 조사하여 그림그래프로 나타내었습니다. 준이네 마을 문화 센터에서 학생들을 위한 외국어 강좌를 준비할 때, 가장 많은 강좌를 준비해야 할 외국어는 무엇입니까?

학생들이 배우고 싶어 하는 외국어

외국어	학생 수
영어	😊😊😊😊😊
중국어	😊😊😊🙂🙂🙂🙂
스페인어	😊😊🙂🙂🙂
일본어	😊🙂🙂🙂🙂🙂🙂

😊 100명 🙂 10명

(   )

5 표와 그림그래프 완성하기

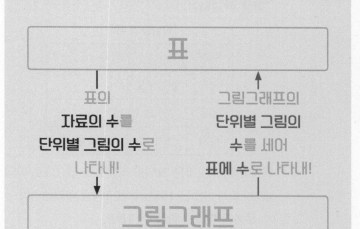

● 표를 보고 그림그래프로, 그림그래프를 보고 표로 나타내기

과수원별 귤 생산량

과수원	달콤	상큼	생생	합계
생산량(kg)	41	22		98

41 kg은 큰 그림(10 kg) 4개, 작은 그림(1 kg) 1개로 나타냅니다.

큰 그림(10 kg)이 3개, 작은 그림(1 kg)이 5개 이므로 35 kg입니다.

과수원별 귤 생산량

과수원	생산량	
달콤		
상큼	🍊🍊🍋🍋	
생생	🍊🍊🍊🍋🍋🍋🍋🍋	

🍊 10 kg
🍋 1 kg

표

표의 **자료의 수를** 단위별 그림의 수로 나타내!

그림그래프의 단위별 그림의 수를 세어 표에 수로 나타내!

그림그래프

---

③ 현주네 학교 3학년 학생들의 혈액형을 조사하여 표와 그림그래프로 나타내었습니다. 표와 그림그래프를 각각 완성해 보시오.

학생들의 혈액형

혈액형	A형	B형	O형	AB형	합계
학생 수 (명)	40		24		90

학생들의 혈액형

혈액형	학생 수
A형	
B형	◎○○○○○○
O형	
AB형	◎

◎ 10명 ○ 1명

---

④ 마을별 쌀 생산량을 조사하여 표와 그림그래프로 나타내었습니다. 표와 그림그래프를 각각 완성해 보시오.

마을별 쌀 생산량

마을	가	나	다	라	합계
생산량 (kg)		260		170	970

마을별 쌀 생산량

마을	생산량
가	◎◎◎○
나	
다	◎◎○○○
라	

◎ 100 kg ○ 10 kg

2개의 단위 그림으로 나타낸 그림그래프에서
한 항목의 자료의 수가 ■▲일 때
└● 두 자리 수

↓

큰 그림이 나타내는 수: 10개
작은 그림이 나타내는 수: 1개

● 게임이 취미인 학생이 21명일 때 운동이 취미인
학생 수 구하기

학생들의 취미

취미	학생 수
게임	😊 😊 😊
운동	😊 😊 😊 😊
독서	😊 😊 😊 😊 😊 😊 😊 😊

게임이 취미인 학생 21명을 😊 2개, 😊 1개로 나타
내었으므로 😊은 10명, 😊은 1명을 나타냅니다.
⇨ 운동이 취미인 학생 수: 13명

---

❶ 농장별 기르는 오리의 수를 조사하여 그림
그래프로 나타내었습니다. 햇빛 농장에서
기르는 오리가 15마리일 때, 바다 농장에서
기르는 오리는 몇 마리입니까?

농장별 기르는 오리의 수

농장	오리의 수
하늘	🦆 🦆 🦆
햇빛	🦆 🦆 🦆 🦆 🦆 🦆
바다	🦆 🦆 🦆
푸름	🦆 🦆 🦆 🦆 🦆 🦆

(   )

❷ 민우네 학교 학생들이 한 달 동안 도서관에
서 빌린 책을 조사하여 그림그래프로 나타
내었습니다. 동화책이 260권일 때, 소설책
은 몇 권입니까?

학생들이 도서관에서 빌린 책

종류	책의 수
동화책	📗 📗 📖 📖 📖 📖 📖 📖
위인전	📗 📗 📗
과학책	📖 📖 📖 📖 📖 📖 📖
소설책	📗 📖 📖 📖

(   )

7 전체의 수를 구하여 문제 해결하기

그림그래프에서
각 항목이 나타내는
자료의 수의
합계를 이용해!

● 가구별 콩 수확량을 조사하여 나타낸 그림그래프를 보고 세 가구에서 수확한 콩을 한 자루에 **6 kg**씩 모두 나누어 담을 때 필요한 자루의 수 구하기

가구별 콩 수확량

가구	수확량
㉮	
㉯	
㉰	

🛍️ 10 kg
🛍️ 1 kg

(세 가구의 전체 콩 수확량)＝34＋21＋17＝72(kg)
⇨ (필요한 자루의 수)＝72÷6＝12(개)

❸ 마을별 감자 생산량을 조사하여 그림그래프로 나타내었습니다. 네 마을에서 생산한 감자를 한 상자에 **8 kg**씩 모두 나누어 담으려면 상자는 몇 개 필요합니까?

마을별 감자 생산량

마을	생산량
행복	
사랑	
샛별	
보람	

🥔 10 kg 🥔 1 kg

(   )

❹ 동별 쓰레기 배출량을 조사하여 그림그래프로 나타내었습니다. 네 동에서 배출한 쓰레기를 트럭에 실어 한 번에 **3 t**씩 모두 옮기려면 트럭으로 몇 번 옮겨야 합니까?

동별 쓰레기 배출량

동	배출량
1동	
2동	
3동	
4동	

🛍️ 10 t 🛍️ 1 t

(   )

○ 성재네 학교 3학년 반별 학생 수를 조사하여 표로 나타내었습니다. 물음에 답하시오.

반별 학생 수

반	1반	2반	3반	4반	합계
학생 수(명)	20	25	19		87

1 표의 빈칸에 알맞은 수를 써넣으시오.

2 학생이 많은 반부터 순서대로 써 보시오.

( )

○ 윤희네 모둠 학생들이 가지고 있는 연필 수를 조사하여 그림그래프로 나타내었습니다. 물음에 답하시오.

학생들이 가지고 있는 연필 수

이름	연필 수
윤희	／／／／／／／／
정수	／／／／／／／／／／／
예준	／／／／／
미진	／／

／10자루 ／1자루

3 그림 ／과 ／은 각각 몇 자루를 나타내고 있습니까?

／ ( ), ／ ( )

4 가장 많은 연필을 가지고 있는 사람은 누구이고, 몇 자루입니까?

(,)

○ 진우네 반 학생들이 가지고 있는 색깔별 구슬 수를 조사하여 표로 나타내었습니다. 물음에 답하시오.

색깔별 구슬 수

색깔	빨간색	노란색	초록색	파란색	합계
구슬 수(개)	43	27	35	41	146

5 표를 보고 그림그래프로 나타내어 보시오.

색깔별 구슬 수

색깔	구슬 수
빨간색	
노란색	
초록색	
파란색	

◎ 10개 ○ 1개

6 표를 보고 ◎는 10개, △는 5개, ○는 1개로 하여 그림그래프로 나타내어 보시오.

색깔별 구슬 수

색깔	구슬 수
빨간색	
노란색	
초록색	
파란색	

◎ ☐개 △ ☐개 ○ ☐개

7 어느 꽃 가게에서 일주일 동안 팔린 꽃의 수를 조사하여 그림그래프로 나타내었습니다. 이 꽃 가게에서 가장 많이 준비해야 할 꽃은 무엇입니까?

일주일 동안 팔린 꽃의 수

종류	꽃의 수
튤립	🌸🌸✿✿✿✿✿✿✿✿
장미	🌸🌸🌸🌸🌸✿✿
국화	🌸🌸🌸✿
수국	🌸✿✿✿✿✿✿

🌸100송이 ✿10송이

(   )

8 월별 비 온 날수를 조사하여 표와 그림그래프로 나타내었습니다. 표와 그림그래프를 각각 완성해 보시오.

월별 비 온 날수

월	3월	4월	5월	6월	합계
비 온 날수 (일)	10		12		45

월별 비 온 날수

월	비 온 날수
3월	
4월	○○○○○○○
5월	
6월	◎○○○○○

◎10일 ○1일

9 학생들이 배우고 싶어 하는 악기를 조사하여 그림그래프로 나타내었습니다. 기타를 배우고 싶어 하는 학생이 25명일 때, 드럼을 배우고 싶어 하는 학생은 몇 명입니까?

학생들이 배우고 싶어 하는 악기

악기	학생 수
피아노	😊😊😊😊😊😊
기타	😊😊😊😊😊😊😊
드럼	😊😊😊😊😊😊😊
플루트	😊😊😊😊😊😊

(   )

10 과수원별 포도 생산량을 조사하여 그림그래프로 나타내었습니다. 네 과수원에서 생산한 포도를 한 상자에 5 kg씩 모두 나누어 담으려면 상자는 몇 개 필요합니까?

과수원별 포도 생산량

과수원	생산량
가	🍇🍇🍇🍇🍇🍇🍇🍇🍇🍇
나	🍇🍇🍇🍇🍇
다	🍇🍇🍇🍇🍇
라	🍇🍇🍇🍇🍇🍇🍇

🍇10kg 🍇1kg

(   )

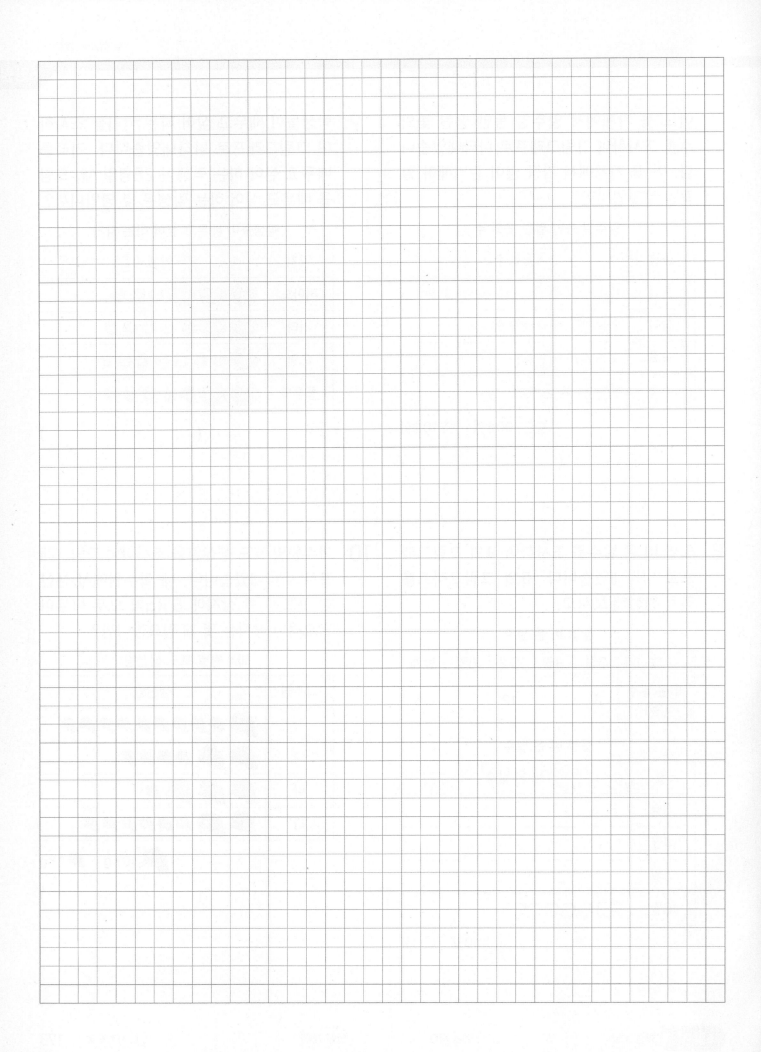

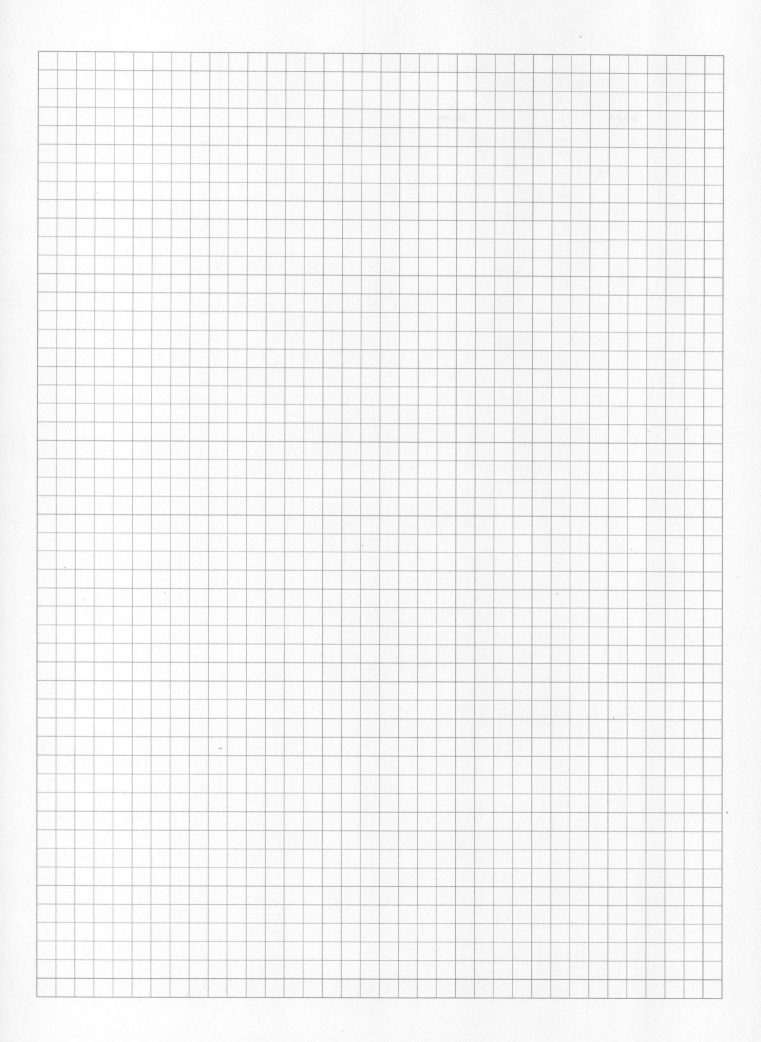

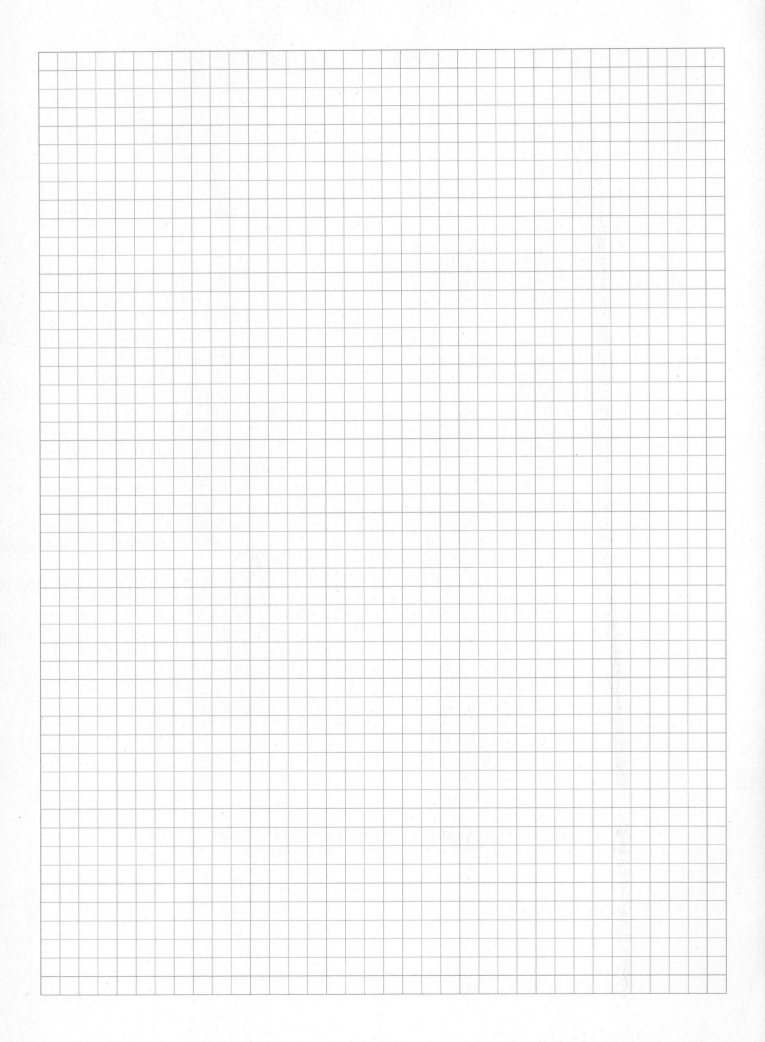

초등수학

3·2

개념 +PLUS
연산

파워

정답과
풀이

정답과 풀이
QR코드

ABOVE IMAGINATION

우리는 남다른 상상과 혁신으로
교육 문화의 새로운 전형을 만들어
모든 이의 행복한 경험과 성장에 기여한다

개념 + 연산 파워

정답과 풀이

초등수학

3·2

1. 곱셈

① 올림이 없는 (세 자리 수) × (한 자리 수)

1일 차

8쪽

❶ 306	❺ 420	❾ 602
❷ 666	❻ 636	❿ 933
❸ 244	❼ 884	⓫ 824
❹ 399	❽ 462	⓬ 840

9쪽

⓭ 220	⑳ 406	㉗ 960
⓮ 777	㉑ 844	㉘ 662
⓯ 242	㉒ 663	㉙ 684
⓰ 369	㉓ 446	㉚ 820
⓱ 390	㉔ 484	㉛ 844
⓲ 268	㉕ 903	㉜ 866
⓳ 288	㉖ 624	㉝ 884

② 일의 자리에서 올림이 있는 (세 자리 수) × (한 자리 수)

2일 차

10쪽

❶ 560	❺ 820	❾ 630
❷ 372	❻ 642	❿ 978
❸ 274	❼ 675	⓫ 814
❹ 296	❽ 474	⓬ 870

11쪽

⓭ 721	⑳ 414	㉗ 924
⓮ 570	㉑ 645	㉘ 632
⓯ 468	㉒ 438	㉙ 984
⓰ 250	㉓ 896	㉚ 694
⓱ 387	㉔ 687	㉛ 850
⓲ 272	㉕ 472	㉜ 876
⓳ 294	㉖ 494	㉝ 898

③ 십, 백의 자리에서 올림이 있는 (세 자리 수) × (한 자리 수)

3일 차

12쪽

❶ 302	❺ 1505	❾ 1506
❷ 516	❻ 1248	❿ 1328
❸ 928	❼ 1293	⓫ 1356
❹ 724	❽ 1066	⓬ 1146

13쪽

⓭ 705	⑳ 1648	㉗ 1620
⓮ 648	㉑ 1563	㉘ 1404
⓯ 386	㉒ 1248	㉙ 1416
⓰ 723	㉓ 1264	㉚ 3787
⓱ 849	㉔ 3505	㉛ 2248
⓲ 762	㉕ 2196	㉜ 1364
⓳ 926	㉖ 3284	㉝ 2259

④ (몇십) × (몇십)

14쪽

❶ 300	❺ 1500	❾ 3000
❷ 400	❻ 2100	❿ 1200
❸ 200	❼ 1600	⓫ 2100
❹ 600	❽ 2800	⓬ 1600

15쪽

⓭ 500	⓴ 3200	㉗ 3500
⓮ 900	㉑ 1500	㉘ 4200
⓯ 1200	㉒ 4500	㉙ 2400
⓰ 1600	㉓ 3000	㉚ 4800
⓱ 600	㉔ 3600	㉛ 6400
⓲ 2700	㉕ 5400	㉜ 3600
⓳ 2400	㉖ 1400	㉝ 6300

⑤ (몇십몇) × (몇십)

16쪽

❶ 960	❺ 680	❾ 2240
❷ 600	❻ 1140	❿ 4270
❸ 1260	❼ 2940	⓫ 4380
❹ 1350	❽ 1470	⓬ 1700

17쪽

⓭ 260	⓴ 1410	㉗ 1580
⓮ 480	㉑ 2080	㉘ 3240
⓯ 880	㉒ 1160	㉙ 4150
⓰ 1750	㉓ 5580	㉚ 2520
⓱ 2480	㉔ 3300	㉛ 5520
⓲ 1110	㉕ 5760	㉜ 4750
⓳ 2150	㉖ 2220	㉝ 3880

⑥ (몇) × (몇십몇)

18쪽

❶ 26	❺ 108	❾ 234
❷ 48	❻ 204	❿ 112
❸ 45	❼ 210	⓫ 192
❹ 96	❽ 365	⓬ 369

19쪽

⓭ 64	⓴ 290	㉗ 427
⓮ 102	㉑ 415	㉘ 272
⓯ 138	㉒ 102	㉙ 576
⓰ 219	㉓ 336	㉚ 680
⓱ 144	㉔ 564	㉛ 189
⓲ 248	㉕ 175	㉜ 477
⓳ 95	㉖ 294	㉝ 783

⑦ 올림이 한 번 있는 (몇십몇) × (몇십몇)

7일차

20쪽

❶ 300
❷ 609
❸ 496
❹ 2132
❺ 636
❻ 1159
❼ 864
❽ 2542
❾ 1729

21쪽

❿ 636
⓫ 546
⓬ 256
⓭ 779
⓮ 1134
⓯ 989
⓰ 837
⓱ 448
⓲ 777
⓳ 697
⓴ 559
㉑ 1071
㉒ 728
㉓ 3111
㉔ 819
㉕ 888
㉖ 1215
㉗ 3772

⑧ 올림이 여러 번 있는 (몇십몇) × (몇십몇)

8일차

22쪽

❶ 826
❷ 1081
❸ 1216
❹ 1305
❺ 4674
❻ 4608
❼ 2025
❽ 4644
❾ 3496

23쪽

❿ 360
⓫ 608
⓬ 1254
⓭ 1575
⓮ 2870
⓯ 2368
⓰ 1890
⓱ 1392
⓲ 2014
⓳ 2714
⓴ 2046
㉑ 2856
㉒ 3796
㉓ 3268
㉔ 2184
㉕ 4611
㉖ 5766
㉗ 3705

⑨ 그림에서 두 수의 곱셈하기

⑩ 두 수의 곱 구하기

9일차

24쪽 ❗ 정답을 위에서부터 확인합니다.

❶ 608, 2736
❷ 381, 508
❸ 1200, 3600
❹ 1530, 816
❺ 114, 318
❻ 1886, 3034

25쪽

❼ 630
❽ 936
❾ 2527
❿ 4000
⓫ 3600
⓬ 255
⓭ 1302
⓮ 2185

⑪ 곱하는 수를 2와 ■의 곱으로 나타내어 계산하기

10일차

26쪽 ❗ 정답을 계산 순서대로 확인합니다.

❶ 30, 240, 240
❷ 50, 350, 350
❸ 70, 420, 420
❹ 90, 810, 810
❺ 110, 880, 880
❻ 130, 910, 910

27쪽

❼ 7, 30, 210, 210
❽ 8, 50, 400, 400
❾ 9, 70, 630, 630
❿ 6, 90, 540, 540
⓫ 8, 90, 720, 720
⓬ 9, 110, 990, 990
⓭ 6, 130, 780, 780
⓮ 7, 150, 1050, 1050

⑫ (몇십몇) × (몇십몇)에서 곱하는 수를
　　몇십으로 만들어 계산하기

⑬ (몇십몇) × (몇십몇)에서 곱해지는 수를
　　몇십으로 만들어 계산하기

11일 차

28쪽　❶ 정답을 위에서부터 확인합니다.

❶ 494, 26, 520　　　　❹ 2544, 53, 2650

❷ 1015, 35, 1050　　　❺ 814, 22, 880

❸ 1558, 41, 1640　　　❻ 3477, 61, 3660

29쪽

❼ 957, 33, 990　　　　❿ 4828, 71, 4970

❽ 3658, 62, 3720　　　⓫ 2632, 56, 2800

❾ 912, 24, 960　　　　⓬ 924, 12, 960

⑭ 곱셈식 완성하기

12일 차

30쪽　❶ 정답을 위에서부터 확인합니다.

❶ 9, 6　　　　❹ 4, 2

❷ 5, 8　　　　❺ 4, 3

❸ 7, 0　　　　❻ 2, 4

31쪽

❼ 2, 8, 4　　　❿ 6, 7, 8

❽ 3, 1, 3　　　⓫ 4, 2, 6

❾ 1, 4, 8　　　⓬ 4, 3, 3

❶
$$\begin{array}{r} 2\,0\,㉠ \\ \times\quad\ 3 \\ \hline ㉡\,2\,7 \end{array}$$
· ㉠×3의 일의 자리 수: 7 ⇨ ㉠=9
· 209×3=627 ⇨ ㉡=6

❷
$$\begin{array}{r} 4\,9\,6 \\ \times\quad\ ㉠ \\ \hline 2\,4\,㉡\,0 \end{array}$$
· 6×㉠의 일의 자리 수: 0 ⇨ ㉠=5
· 496×5=2480 ⇨ ㉡=8

❸
$$\begin{array}{r} 3\,㉠ \\ \times\ 2\,0 \\ \hline 7\,4\,㉡ \end{array}$$
· ㉠×0=㉡, ㉠×0=0 ⇨ ㉡=0
· ㉠×2의 일의 자리 수: 4 ⇨ ㉠=2 또는 ㉠=7
· 32×2=64(×), 37×2=74(○) ⇨ ㉠=7

❹
$$\begin{array}{r} 7\,3 \\ \times\ ㉠\,0 \\ \hline ㉡\,9\,2\,0 \end{array}$$
· 3×㉠의 일의 자리 수: 2 ⇨ ㉠=4
· 73×40=2920 ⇨ ㉡=2

❺
$$\begin{array}{r} ㉠ \\ \times\ 3\,4 \\ \hline 1\,㉡\,6 \end{array}$$
· ㉠×4의 일의 자리 수: 6 ⇨ ㉠=4 또는 ㉠=9
· 4×34=136(○), 9×34=306(×)
　⇨ ㉠=4, ㉡=3

❻
$$\begin{array}{r} 6 \\ \times\ 7\,㉠ \\ \hline ㉡\,3\,2 \end{array}$$
· 6×㉠의 일의 자리 수: 2 ⇨ ㉠=2 또는 ㉠=7
· 6×72=432(○), 6×77=462(×)
　⇨ ㉠=2, ㉡=4

❼
$$\begin{array}{r} 1\,㉠ \\ \times\ 4\,7 \\ \hline ㉡\,4 \\ ㉢\,8\,0 \\ \hline 5\,6\,4 \end{array}$$
· ㉠×7의 일의 자리 수: 4 ⇨ ㉠=2
· 12×7=84 ⇨ ㉡=8
· 12×40=480 ⇨ ㉢=4

❽
$$\begin{array}{r} 5\,3 \\ \times\ 1\,㉠ \\ \hline ㉡\,5\,9 \\ 5\,㉢\,0 \\ \hline 6\,8\,9 \end{array}$$
· 3×㉠의 일의 자리 수: 9 ⇨ ㉠=3
· 53×3=159 ⇨ ㉡=1
· 53×10=530 ⇨ ㉢=3

❾
$$\begin{array}{r} 8\,2 \\ \times\ ㉠\,2 \\ \hline 1\,6\,㉡ \\ ㉢\,2\,0 \\ \hline 9\,8\,4 \end{array}$$
· 82×2=164 ⇨ ㉡=4
· 2×㉠의 일의 자리 수: 2 ⇨ ㉠=1 또는 ㉠=6
· 1+㉢=9 ⇨ ㉢=8
· 82×10=820(○), 82×60=4920(×) ⇨ ㉠=1

❿
$$\begin{array}{r} 3\,㉠ \\ \times\ 5\,2 \\ \hline ㉡\,2 \\ 1\,㉢\,0\,0 \\ \hline 1\,8\,7\,2 \end{array}$$
· ㉠×2의 일의 자리 수: 2 ⇨ ㉠=1 또는 ㉠=6
· ㉡+0=7 ⇨ ㉡=7
· ㉢=8
· 31×2=62(×), 36×2=72(○) ⇨ ㉠=6

⓫
$$\begin{array}{r} 6\,8 \\ \times\ 2\,㉠ \\ \hline ㉡\,7\,2 \\ 1\,3\,㉢\,0 \\ \hline 1\,6\,3\,2 \end{array}$$
· 8×㉠의 일의 자리 수: 2 ⇨ ㉠=4 또는 ㉠=9
· 68×4=272(○), 68×9=612(×)
　⇨ ㉠=4, ㉡=2
· 68×20=1360 ⇨ ㉢=6

⓬
$$\begin{array}{r} 7\,7 \\ \times\ ㉠\,9 \\ \hline 6\,9\,㉡ \\ ㉢\,0\,8\,0 \\ \hline 3\,7\,7\,3 \end{array}$$
· 77×9=693 ⇨ ㉡=3
· 7×㉠의 일의 자리 수: 8 ⇨ ㉠=4
· 77×40=3080 ⇨ ㉢=3

13일 차

32쪽

❶ 5, 2, 1, 7 / 3647

❷ 6, 3, 2, 9 / 5688

❸ 5, 4, 2, 7 / 3794

❹ 9, 1, 4, 3 / 3913

❺ 8, 4, 7, 5 / 6300

❻ 9, 2, 8, 6 / 7912

33쪽

❼ 5, 6, 7, 2 / 1134

❽ 4, 6, 9, 2 / 938

❾ 5, 7, 8, 3 / 1734

❿ 1, 4, 3, 6 / 504

⓫ 1, 5, 4, 9 / 735

⓬ 3, 8, 4, 9 / 1862

❹ $93 \times 41 = 3813$, $91 \times 43 = 3913$
⇨ 곱이 가장 큰 곱셈식: $91 \times 43 = 3913$

❺ $85 \times 74 = 6290$, $84 \times 75 = 6300$
⇨ 곱이 가장 큰 곱셈식: $84 \times 75 = 6300$

❻ $96 \times 82 = 7872$, $92 \times 86 = 7912$
⇨ 곱이 가장 큰 곱셈식: $92 \times 86 = 7912$

❿ $14 \times 36 = 504$, $16 \times 34 = 544$
⇨ 곱이 가장 작은 곱셈식: $14 \times 36 = 504$

⓫ $15 \times 49 = 735$, $19 \times 45 = 855$
⇨ 곱이 가장 작은 곱셈식: $15 \times 49 = 735$

⓬ $38 \times 49 = 1862$, $39 \times 48 = 1872$
⇨ 곱이 가장 작은 곱셈식: $38 \times 49 = 1862$

⑰ 곱셈 문장제

14일 차

34쪽

❶ 50, 40, 2000 / 2000원

❷ 6, 27, 162 / 162명

❸ 27, 15, 405 / 405개

35쪽

❹ $129 \times 5 = 645$ / 645 g

❺ $48 \times 30 = 1440$ / 1440쪽

❻ $8 \times 62 = 496$ / 496자루

❼ $16 \times 23 = 368$ / 368 m

❹ (아이스크림 5컵의 무게)
= (아이스크림 한 컵의 무게)×(컵의 수)
= $129 \times 5 = 645$(g)

❺ (30일 동안 읽을 수 있는 동화책의 쪽수)
= (하루에 읽는 동화책의 쪽수)×(날수)
= $48 \times 30 = 1440$(쪽)

❻ (필요한 연필의 수)
= (한 명에게 주는 연필의 수)×(사람 수)
= $8 \times 62 = 496$(자루)

❼ (모자 23개를 만드는 데 필요한 털실의 길이)
= (모자 한 개를 만드는 데 필요한 털실의 길이)×(모자의 수)
= $16 \times 23 = 368$(m)

⑱ 덧셈(뺄셈)과 곱셈 문장제

15일 차

36쪽

❶ 8, 20, 20, 800 / 800장

❷ 5, 15, 15, 135 / 135개

37쪽

❸ 483 cm

❹ 2250개

❺ 533명

❸ (선물 상자 한 개를 포장하는 데 필요한 끈의 길이)
= $76 + 85 = 161$(cm)
⇨ (선물 상자 3개를 포장하는 데 필요한 끈의 길이)
= $161 \times 3 = 483$(cm)

❹ (어제와 오늘 판 귤의 상자 수) = $14 + 16 = 30$(상자)
⇨ (어제와 오늘 판 귤의 수) = $75 \times 30 = 2250$(개)

❺ (버스 한 대에 탄 학생 수) = $45 - 4 = 41$(명)
⇨ (버스에 탄 학생 수) = $41 \times 13 = 533$(명)

38쪽

❶ 93, 93, 73, 73, 1460 / 1460
❷ 69, 69, 38, 38, 1178 / 1178

③ 어떤 수를 □라 하면
　□+6=351 ⇨ 351−6=□, □=345입니다.
　따라서 바르게 계산한 값은 345×6=2070입니다.
④ 어떤 수를 □라 하면
　□+15=23 ⇨ 23−15=□, □=8입니다.
　따라서 바르게 계산한 값은 8×15=120입니다.

39쪽

❸ 2070
❹ 120
❺ 1344

⑤ 어떤 수를 □라 하면
　56+□=80 ⇨ 80−56=□, □=24입니다.
　따라서 바르게 계산한 값은 56×24=1344입니다.

40쪽

1 416
2 2048
3 2000
4 720
5 203
6 3321
7 248
8 951
9 2405
10 2800
11 5580
12 512
13 949
14 3060

41쪽

15 105×6=630
　 / 630개
16 12×26=312
　 / 312권
17 1768개
18 2500원
19 2660
20 9, 2, 7, 3 / 6716

15 (6상자에 들어 있는 밤의 수)
　=(한 상자에 들어 있는 밤의 수)×(상자의 수)
　=105×6=630(개)
16 (필요한 공책의 수)
　=(한 명에게 주는 공책의 수)×(사람 수)
　=12×26=312(권)
17 (㉮와 ㉯ 공장에서 한 시간 동안 만드는 장난감의 수)
　=125+96=221(개)
　⇨ (㉮와 ㉯ 공장에서 8시간 동안 만드는 장난감의 수)
　　=221×8=1768(개)

18 (저금통에 남은 동전의 수)=100−50=50(개)
　⇨ (저금통에 남은 금액)=50×50=2500(원)
19 어떤 수를 □라 하면
　□+70=108 ⇨ 108−70=□, □=38입니다.
　따라서 바르게 계산한 값은 38×70=2660입니다.
20 93×72=6696, 92×73=6716
　⇨ 곱이 가장 큰 곱셈식: 92×73=6716

2. 나눗셈

① 내림이 없는 (몇십)÷(몇) 　　② 내림이 있는 (몇십)÷(몇)

1일차

44쪽

❶ 20　　❹ 10　　❽ 10
❷ 10　　❺ 10　　❾ 20
❸ 10　　❻ 30　　❿ 30
　　　　❼ 10　　⓫ 10

45쪽

⓬ 15　　⓯ 15　　⓳ 16
⓭ 15　　⓰ 12　　⓴ 45
⓮ 14　　⓱ 35　　㉑ 18
　　　　⓲ 14　　㉒ 15

③ 내림이 없는 (몇십몇)÷(몇)

2일차

46쪽

❶ 11　　❹ 21　　❼ 21
❷ 12　　❺ 24　　❽ 11
❸ 13　　❻ 11　　❾ 22

47쪽

❿ 13　　⓱ 31　　㉔ 21
⓫ 14　　⓲ 32　　㉕ 43
⓬ 11　　⓳ 22　　㉖ 44
⓭ 22　　⓴ 34　　㉗ 11
⓮ 11　　㉑ 23　　㉘ 31
⓯ 23　　㉒ 41　　㉙ 32
⓰ 12　　㉓ 42　　㉚ 33

④ 내림이 있는 (몇십몇)÷(몇)

3일차

48쪽

❶ 16　　❹ 16　　❼ 13
❷ 17　　❺ 13　　❽ 12
❸ 14　　❻ 28　　❾ 39

49쪽

❿ 18　　⓱ 16　　㉔ 29
⓫ 19　　⓲ 36　　㉕ 13
⓬ 15　　⓳ 15　　㉖ 23
⓭ 18　　⓴ 26　　㉗ 19
⓮ 14　　㉑ 27　　㉘ 24
⓯ 19　　㉒ 14　　㉙ 12
⓰ 29　　㉓ 17　　㉚ 49

⑤ 내림이 없고 나머지가 있는 (몇십몇)÷(몇)

4일차

50쪽

❶ 5…1
❹ 7…4
❼ 13…1
❷ 6…1
❺ 8…2
❽ 11…3
❸ 6…3
❻ 7…5
❾ 21…2

51쪽

❿ 6…1
⓯ 5…7
㉔ 12…1
⓫ 4…3
⓲ 8…4
㉕ 22…1
⓬ 8…2
⓳ 6…2
㉖ 11…3
⓭ 5…3
⓴ 8…4
㉗ 20…2
⓮ 5…1
㉑ 8…2
㉘ 11…1
⓯ 5…2
㉒ 7…8
㉙ 22…1
⓰ 8…4
㉓ 9…3
㉚ 32…1

⑥ 내림이 있고 나머지가 있는 (몇십몇)÷(몇)

5일차

52쪽

❶ 18…1
❹ 16…2
❼ 12…3
❷ 14…2
❺ 13…3
❽ 12…1
❸ 13…1
❻ 24…2
❾ 13…2

53쪽

❿ 16…1
⓯ 15…2
㉔ 16…2
⓫ 19…1
⓲ 13…2
㉕ 13…5
⓬ 13…2
⓳ 17…1
㉖ 29…1
⓭ 14…1
⓴ 23…2
㉗ 13…1
⓮ 13…2
㉑ 12…2
㉘ 23…3
⓯ 18…1
㉒ 15…1
㉙ 19…1
⓰ 14…3
㉓ 38…1
㉚ 14…1

⑦ 나머지가 없는 (세 자리 수)÷(한 자리 수)

6일차

54쪽

❶ 130
❹ 150
❼ 94
❷ 63
❺ 85
❽ 205
❸ 107
❻ 120
❾ 304

55쪽

❿ 121
⓯ 125
㉔ 86
⓫ 135
⓲ 104
㉕ 391
⓬ 112
⓳ 97
㉖ 275
⓭ 64
⓴ 121
㉗ 168
⓮ 200
㉑ 204
㉘ 142
⓯ 116
㉒ 156
㉙ 309
⓰ 96
㉓ 92
㉚ 240

⑧ 나머지가 있는 (세 자리 수)÷(한 자리 수)

7일차

56쪽

❶ 110…1
❷ 105…2
❸ 64…3

❹ 140…2
❺ 97…2
❻ 82…3

❼ 82…4
❽ 160…4
❾ 107…2

57쪽

❿ 107…1
⓫ 72…3
⓬ 164…1
⓭ 118…1
⓮ 145…1
⓯ 116…3
⓰ 79…5

⓱ 72…2
⓲ 106…2
⓳ 147…2
⓴ 207…1
㉑ 131…1
㉒ 85…3
㉓ 352…1

㉔ 152…4
㉕ 87…8
㉖ 270…2
㉗ 105…7
㉘ 125…2
㉙ 112…4
㉚ 107…5

⑨ 계산이 맞는지 확인하기

8일차

58쪽

❶ 9…2
/ 3×9=27,
27+2=29

❷ 11…2
/ 4×11=44,
44+2=46

❸ 14…4
/ 5×14=70,
70+4=74

❹ 13…4
/ 6×13=78,
78+4=82

❺ 22…2
/ 7×22=154,
154+2=156

❻ 180…1
/ 4×180=720,
720+1=721

59쪽

❼ 3…5
/ 7×3=21,
21+5=26

❽ 12…2
/ 3×12=36,
36+2=38

❾ 10…4
/ 5×10=50,
50+4=54

❿ 31…1
/ 2×31=62,
62+1=63

⓫ 13…1
/ 6×13=78,
78+1=79

⓬ 28…1
/ 3×28=84,
84+1=85

⓭ 11…3
/ 8×11=88,
88+3=91

⓮ 31…2
/ 9×31=279,
279+2=281

⓯ 156…2
/ 3×156=468,
468+2=470

⓰ 137…2
/ 5×137=685,
685+2=687

⑩ 큰 수를 작은 수로 나눈 몫 구하기

⑪ 그림에서 두 수의 나눗셈하기

9일차

60쪽

❶ 20
❷ 12
❸ 12
❹ 32

❺ 19
❻ 12
❼ 160
❽ 112

61쪽　❗ 정답을 위에서부터 확인합니다.

❾ 6, 2 / 5, 6
❿ 12, 1 / 11, 4
⓫ 8, 1 / 57, 3

⓬ 13, 4 / 14, 1
⓭ 13, 3 / 42, 6
⓮ 48, 3 / 172, 2

⑫ 곱셈식에서 어떤 수 구하기

62쪽

❶ 20　　❻ 25
❷ 40　　❼ 14
❸ 12　　❽ 11
❹ 31　　❾ 23
❺ 14　　❿ 15

63쪽

⓫ 28　　⓱ 13
⓬ 16　　⓲ 14
⓭ 15　　⓳ 43
⓮ 35　　⓴ 71
⓯ 107　　㉑ 145
⓰ 128　　㉒ 214

❶ □=60÷3=20　　❻ □=50÷2=25
❷ □=80÷2=40　　❼ □=70÷5=14
❸ □=48÷4=12　　❽ □=66÷6=11
❹ □=93÷3=31　　❾ □=69÷3=23
❺ □=56÷4=14　　❿ □=75÷5=15
⓫ □=84÷3=28　　⓱ □=78÷6=13
⓬ □=96÷6=16　　⓲ □=98÷7=14
⓭ □=120÷8=15　　⓳ □=172÷4=43
⓮ □=140÷4=35　　⓴ □=213÷3=71
⓯ □=535÷5=107　　㉑ □=725÷5=145
⓰ □=768÷6=128　　㉒ □=856÷4=214

⑬ 나눗셈식에서 어떤 수(나누어지는 수) 구하기

64쪽

❶ 46　　❻ 37
❷ 88　　❼ 43
❸ 68　　❽ 67
❹ 72　　❾ 59
❺ 96　　❿ 67

65쪽

⓫ 85　　⓱ 127
⓬ 62　　⓲ 272
⓭ 75　　⓳ 365
⓮ 77　　⓴ 429
⓯ 88　　㉑ 526
⓰ 89　　㉒ 624

❶ □=2×23=46
❷ □=8×11=88
❸ □=4×17=68
❹ □=3×24=72
❺ □=2×48=96
❻ 4×9=36, 36+1=37 ⇨ □=37
❼ 5×8=40, 40+3=43 ⇨ □=43
❽ 7×9=63, 63+4=67 ⇨ □=67
❾ 5×11=55, 55+4=59 ⇨ □=59
❿ 3×22=66, 66+1=67 ⇨ □=67
⓫ 2×42=84, 84+1=85 ⇨ □=85

⓬ 5×12=60, 60+2=62 ⇨ □=62
⓭ 4×18=72, 72+3=75 ⇨ □=75
⓮ 3×25=75, 75+2=77 ⇨ □=77
⓯ 7×12=84, 84+4=88 ⇨ □=88
⓰ 6×14=84, 84+5=89 ⇨ □=89
⓱ 3×42=126, 126+1=127 ⇨ □=127
⓲ 7×38=266, 266+6=272 ⇨ □=272
⓳ 8×45=360, 360+5=365 ⇨ □=365
⓴ 6×71=426, 426+3=429 ⇨ □=429
㉑ 9×58=522, 522+4=526 ⇨ □=526
㉒ 5×124=620, 620+4=624 ⇨ □=624

⑭ 몫이 가장 큰 나눗셈식 만들기

⑮ 몫이 가장 작은 나눗셈식 만들기

66쪽

❶ 65÷2=32…1　　❹ 86÷4=21…2
❷ 64÷3=21…1　　❺ 97÷4=24…1
❸ 85÷3=28…1　　❻ 98÷6=16…2

67쪽

❼ 12÷5=2…2　　❿ 45÷6=7…3
❽ 25÷8=3…1　　⓫ 57÷9=6…3
❾ 36÷7=5…1　　⓬ 78÷9=8…6

⑯ 나눗셈식 완성하기

68쪽 ❗ 정답을 위에서부터 확인합니다.

❶ 7, 4, 2, 4

❸ 1, 5, 1, 6

❷ 3, 7, 2, 1

❹ 3, 6, 6, 1

69쪽

❺ 7, 3, 3, 1

❽ 5, 9, 9, 5

❻ 1, 3, 3, 0

❾ 6, 0, 6, 0

❼ 1, 8, 9, 2

❿ 0, 4, 3, 3

❶
$$
\begin{array}{r}
1\ ㉠ \\
2\overline{)3\ ㉡} \\
㉢ \\
\hline
1\ ㉣ \\
1\ 4 \\
\hline
0
\end{array}
$$
- $2 \times 1 = ㉢ \Rightarrow ㉢ = 2$
- $2 \times ㉠ = 14 \Rightarrow ㉠ = 7$
- $㉣ - 4 = 0 \Rightarrow ㉣ = 4$
- $㉡ = ㉣ = 4$

❷
$$
\begin{array}{r}
1\ ㉠ \\
㉡\overline{)9\ 1} \\
7 \\
\hline
㉢\ ㉣ \\
2\ 1 \\
\hline
0
\end{array}
$$
- $㉡ \times 1 = 7 \Rightarrow ㉡ = 7$
- $9 - 7 = ㉢ \Rightarrow ㉢ = 2$
- $㉣ = 1$
- $㉡ \times ㉠ = 21 \Rightarrow 7 \times ㉠ = 21, ㉠ = 3$

❸
$$
\begin{array}{r}
㉠\ 4 \\
4\overline{)㉡\ 8} \\
4 \\
\hline
1\ 8 \\
㉢\ ㉣ \\
\hline
2
\end{array}
$$
- $4 \times ㉠ = 4 \Rightarrow ㉠ = 1$
- $㉡ - 4 = 1 \Rightarrow ㉡ = 5$
- $4 \times 4 = ㉢㉣ \Rightarrow ㉢ = 1, ㉣ = 6$

❹
$$
\begin{array}{r}
1\ ㉠ \\
㉡\overline{)7\ 9} \\
㉢ \\
\hline
㉣\ 9 \\
1\ 8 \\
\hline
1
\end{array}
$$
- $㉣9 - 18 = 1 \Rightarrow ㉣ = 1$
- $7 - ㉢ = 1 \Rightarrow ㉢ = 6$
- $㉡ \times 1 = ㉢ \Rightarrow ㉡ \times 1 = 6, ㉡ = 6$
- $㉡ \times ㉠ = 18 \Rightarrow 6 \times ㉠ = 18, ㉠ = 3$

❺
$$
\begin{array}{r}
2\ ㉠ \\
㉡\overline{)8\ ㉢} \\
6 \\
\hline
2\ 3 \\
2\ ㉣ \\
\hline
2
\end{array}
$$
- $㉡ \times 2 = 6 \Rightarrow ㉡ = 3$
- $㉢ = 3$
- $3 - ㉣ = 2 \Rightarrow ㉣ = 1$
- $㉡ \times ㉠ = 2㉣ \Rightarrow 3 \times ㉠ = 21, ㉠ = 7$

❻
$$
\begin{array}{r}
㉠\ 8 \\
5\overline{)9\ ㉡} \\
5 \\
\hline
4\ ㉢ \\
4\ ㉣ \\
\hline
3
\end{array}
$$
- $5 \times ㉠ = 5 \Rightarrow ㉠ = 1$
- $5 \times 8 = 4㉣ \Rightarrow ㉣ = 0$
- $㉢ - ㉣ = 3 \Rightarrow ㉢ - 0 = 3, ㉢ = 3$
- $㉡ = ㉢ = 3$

❼
$$
\begin{array}{r}
㉠\ 2 \\
㉡\overline{)㉢\ 8} \\
8 \\
\hline
1\ 8 \\
1\ 6 \\
\hline
㉣
\end{array}
$$
- $㉡ \times 2 = 16 \Rightarrow ㉡ = 8$
- $㉡ \times ㉠ = 8 \Rightarrow 8 \times ㉠ = 8, ㉠ = 1$
- $㉢ - 8 = 1 \Rightarrow ㉢ = 9$
- $18 - 16 = ㉣ \Rightarrow ㉣ = 2$

❽
$$
\begin{array}{r}
6\ ㉠ \\
㉡\overline{)5\ 8\ ㉢} \\
5\ 4 \\
\hline
4\ 9 \\
4\ ㉣ \\
\hline
4
\end{array}
$$
- $㉡ \times 6 = 54 \Rightarrow ㉡ = 9$
- $㉢ = 9$
- $9 - ㉣ = 4 \Rightarrow ㉣ = 5$
- $㉡ \times ㉠ = 4㉣ \Rightarrow 9 \times ㉠ = 45, ㉠ = 5$

❾
$$
\begin{array}{r}
8\ 6 \\
8\overline{)㉠\ 9\ ㉡} \\
㉢\ 4 \\
\hline
5\ ㉣ \\
4\ 8 \\
\hline
2
\end{array}
$$
- $8 \times 8 = ㉢4 \Rightarrow ㉢ = 6$
- $㉠9 - 64 = 5 \Rightarrow ㉠ = 6$
- $5㉣ - 48 = 2 \Rightarrow ㉣ = 0$
- $㉡ = ㉣ = 0$

❿
$$
\begin{array}{r}
2\ ㉠\ 9 \\
㉡\overline{)8\ ㉢\ 8} \\
8 \\
\hline
3\ 8 \\
㉣\ 6 \\
\hline
2
\end{array}
$$
- $㉡ \times 2 = 8 \Rightarrow ㉡ = 4$
- $㉢ = 3$
- 십의 자리 계산에서 3을 내린 후 바로 8을 내려 계산했으므로 ㉠=0
- $38 - ㉣6 = 2 \Rightarrow ㉣ = 3$

⑰ 나머지가 없는 나눗셈 문장제

70쪽

❶ 60, 5, 12 / 12개

❷ 76, 4, 19 / 19대

❸ 312, 3, 104 / 104장

71쪽

❹ 30÷2=15 / 15상자

❺ 96÷6=16 / 16마리

❻ 175÷7=25 / 25일

❼ 212÷4=53 / 53명

❹ (동화책을 포장한 상자의 수)
= (전체 동화책의 수)÷(한 상자에 넣은 동화책의 수)
= 30÷2=15(상자)

❺ (개미의 수)
= (전체 개미의 다리 수)÷(개미 한 마리의 다리 수)
= 96÷6=16(마리)

❻ (위인전을 읽는 데 걸리는 날수)
= (전체 위인전의 쪽수)÷(하루에 읽는 쪽수)
= 175÷7=25(일)

❼ (구슬을 나누어 줄 수 있는 사람 수)
= (전체 구슬의 수)÷(한 명에게 나누어 주는 구슬의 수)
= 212÷4=53(명)

⑱ 나머지가 있는 나눗셈 문장제

15일 차

72쪽

❶ 39, 5, 7, 4 / 7, 4
❷ 153, 6, 25, 3 / 25, 3

❸ (전체 색종이의 수)÷(종이꽃 한 개를 만드는 데 필요한 색종이의 수)
   =42÷8=5···2
   ⇨ 종이꽃을 5개 만들 수 있고, 색종이는 2장이 남습니다.
❹ (전체 감자의 수)÷(상자의 수)
   =67÷4=16···3
   ⇨ 한 상자에 감자를 16개씩 담을 수 있고, 3개가 남습니다.

73쪽

❸ 42÷8=5···2 / 5, 2
❹ 67÷4=16···3 / 16, 3
❺ 275÷9=30···5 / 30, 5

❺ (전체 끈의 길이)÷(선물 상자 한 개를 포장할 수 있는 끈의 길이)
   =275÷9=30···5
   ⇨ 선물 상자를 30개 포장할 수 있고, 끈은 5 m가 남습니다.

⑲ 곱셈과 나눗셈 문장제

16일 차

74쪽

❶ 5, 60, 60, 15 / 15개
❷ 4, 320, 320, 64 / 64일

❸ (전체 꽃의 수)=11×8=88(송이)
   ⇨ (필요한 꽃병의 수)=88÷4=22(개)
❹ (전체 지우개의 수)=15×5=75(개)
   ⇨ (한 명에게 줄 수 있는 지우개의 수)=75÷3=25(개)

75쪽

❸ 22개
❹ 25개
❺ 27일

❺ (전체 동화책의 쪽수)=18×9=162(쪽)
   ⇨ (준호가 동화책을 읽는 데 걸리는 날수)=162÷6=27(일)

⑳ 바르게 계산한 값 구하기(1)

17일 차

76쪽

❶ 225, 225, 45, 45, 9 / 9
❷ 776, 776, 97, 97, 12, 1 / 12 / 1

❸ 어떤 수를 □라 하면
   □×7=539 ⇨ 539÷7=□, □=77입니다.
   따라서 바르게 계산하면 77÷7=11입니다.
❹ 어떤 수를 □라 하면
   □×4=252 ⇨ 252÷4=□, □=63입니다.
   따라서 바르게 계산하면 63÷4=15···3입니다.

77쪽

❸ 11
❹ 15 / 3
❺ 77 / 1

❺ 어떤 수를 □라 하면
   □×3=696 ⇨ 696÷3=□, □=232입니다.
   따라서 바르게 계산하면 232÷3=77···1입니다.

㉑ 바르게 계산한 값 구하기(2)

78쪽

❶ 6, 2, 6, 2, 38, 38, 38, 228 / 228

❷ 25, 6, 25, 6, 231, 231, 231, 2079 / 2079

79쪽

❸ 280

❹ 380

❺ 1778

❸ 어떤 수를 ☐라 하면
  ☐÷8＝4…3
  ⇨ 8×4＝32, 32＋3＝35 → ☐＝35입니다.
  따라서 바르게 계산하면 35×8＝280입니다.

❹ 어떤 수를 ☐라 하면
  ☐÷5＝15…1
  ⇨ 5×15＝75, 75＋1＝76 → ☐＝76입니다.
  따라서 바르게 계산하면 76×5＝380입니다.

❺ 어떤 수를 ☐라 하면
  ☐÷7＝36…2
  ⇨ 7×36＝252, 252＋2＝254 → ☐＝254입니다.
  따라서 바르게 계산하면 254×7＝1778입니다.

평가) 2. 나눗셈

80쪽

1 25
2 33
3 15
4 20…3
5 15…4
6 87
7 92…7

8 26
9 22…2
10 46…1
11 31
12 117…4
13 9…3
   / 4×9＝36,
   36＋3＝39
14 27…4
   / 7×27＝189,
   189＋4＝193

81쪽

15 92÷4＝23 / 23권
16 156÷8＝19…4
   / 19, 4
17 14개

18 87÷5＝17…2
19 12
20 616

15 (한 칸에 꽂는 책의 수)
  ＝(전체 책의 수)÷(책꽂이의 칸 수)
  ＝92÷4＝23(권)
16 (전체 과자의 수)÷(한 명에게 나누어 주는 과자의 수)
  ＝156÷8＝19…4
  ⇨ 과자를 19명에게 나누어 줄 수 있고, 4개가 남습니다.
17 (전체 토마토의 수)＝12×7＝84(개)
  ⇨ (한 상자에 담을 수 있는 토마토의 수)＝84÷6＝14(개)

19 어떤 수를 ☐라 하면
  ☐×6＝432 ⇨ 432÷6＝☐, ☐＝72입니다.
  따라서 바르게 계산하면 72÷6＝12입니다.
20 어떤 수를 ☐라 하면
  ☐÷7＝12…4
  ⇨ 7×12＝84, 84＋4＝88 → ☐＝88입니다.
  따라서 바르게 계산하면 88×7＝616입니다.

3. 원

1일차

① 원의 중심, 반지름, 지름

84쪽

❶ 점 ㄱ ❸ 점 ㄴ ❺ 점 ㄷ

❷ 점 ㄷ ❹ 점 ㄴ ❻ 점 ㄷ

85쪽

❼ 3 cm / 6 cm ⓫ 3

❽ 4 cm / 8 cm ⓬ 5

❾ 5 cm / 10 cm ⓭ 12

❿ 7 cm / 14 cm ⓮ 16

2일차

② 원의 지름의 성질

86쪽

❶ 선분 ㄱㄹ / 선분 ㄱㄹ ❹ 선분 ㄴㄹ / 선분 ㄴㄹ

❷ 선분 ㄴㅁ / 선분 ㄴㅁ ❺ 선분 ㄱㅁ / 선분 ㄱㅁ

❸ 선분 ㄴㅁ / 선분 ㄴㅁ ❻ 선분 ㄴㅁ / 선분 ㄴㅁ

③ 원의 지름과 반지름 사이의 관계

87쪽

❼ 4 cm / 8 cm ❿ 3 cm / 6 cm

❽ 5 cm / 10 cm ⓫ 5 cm / 10 cm

❾ 7 cm / 14 cm ⓬ 6 cm / 12 cm

3일차

④ 컴퍼스를 이용하여 원 그리기

⑤ 규칙을 찾아 원 그리기

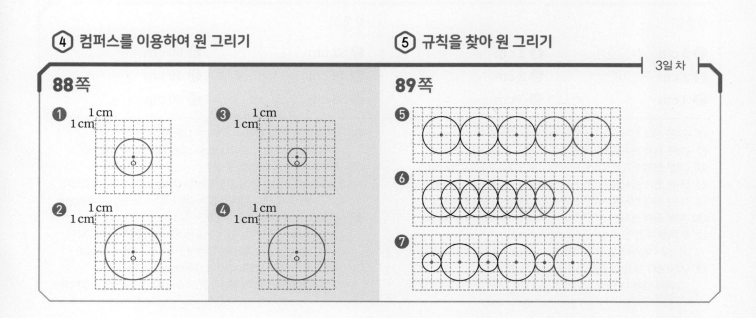

모양을 그릴 때,
컴퍼스의 침을 꽂아야 할 곳 찾기

⑦ 크기가 다른 원을 맞닿게 그렸을 때
선분의 길이 구하기

4일 차

90쪽

❶ 2군데　　　❹ 3군데

❷ 4군데　　　❺ 5군데

❸ 3군데　　　❻ 5군데

91쪽

❼ 11 cm　　　❿ 12 cm

❽ 15 cm　　　⓫ 16 cm

❾ 12 cm　　　⓬ 16 cm

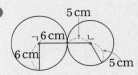

(선분 ㄱㄴ)=6+5=11(cm)

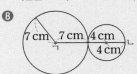

(선분 ㄱㄴ)=7+4+4=15(cm)

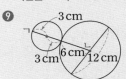

(선분 ㄱㄴ)=3+3+6=12(cm)

❿
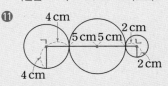

(선분 ㄱㄴ)=4+8=12(cm)

⓫

(선분 ㄱㄴ)=4+5+5+2=16(cm)

⓬
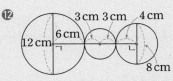

(선분 ㄱㄴ)=6+3+3+4=16(cm)

⑧ 큰 원 안에 맞닿아 있는 크기가 같은
작은 원의 반지름 구하기

⑨ 크기가 같은 원의 중심을 이어 만든 도형의
모든 변의 길이의 합 구하기

5일 차

92쪽

❶ 3 cm　　　❹ 2 cm

❷ 2 cm　　　❺ 2 cm

❸ 3 cm　　　❻ 3 cm

93쪽

❼ 32 cm　　　❿ 60 cm

❽ 48 cm　　　⓫ 40 cm

❾ 36 cm　　　⓬ 30 cm

❶ (작은 원의 반지름)=(큰 원의 반지름)÷2=6÷2=3(cm)

❷ (작은 원의 반지름)=(큰 원의 반지름)÷4=8÷4=2(cm)

❸ (작은 원의 반지름)=(큰 원의 반지름)÷3=9÷3=3(cm)

❹ (작은 원의 반지름)=(큰 원의 반지름)÷4=8÷4=2(cm)

❺ (작은 원의 반지름)=(큰 원의 반지름)÷6=12÷6=2(cm)

❻ (작은 원의 반지름)=(큰 원의 반지름)÷4=12÷4=3(cm)

❼ (사각형의 한 변의 길이)=4×2=8(cm)

　⇨ (사각형의 네 변의 길이의 합)=8+8+8+8=32(cm)

❽ (사각형의 한 변의 길이)=6×2=12(cm)

　⇨ (사각형의 네 변의 길이의 합)=12+12+12+12=48(cm)

❾ (삼각형의 한 변의 길이)=3×4=12(cm)

　⇨ (삼각형의 세 변의 길이의 합)=12+12+12=36(cm)

❿ 사각형의 각 변의 길이를 구하면

　5×4=20(cm)인 변이 2개, 5×2=10(cm)인 변이 2개입니다.

　⇨ (사각형의 네 변의 길이의 합)=20+20+10+10=60(cm)

⓫ 사각형의 각 변의 길이를 구하면

　4×2=8(cm)인 변이 3개, 4×4=16(cm)인 변이 1개입니다.

　⇨ (사각형의 네 변의 길이의 합)=8+8+8+16=40(cm)

⓬ (오각형의 한 변의 길이)=3×2=6(cm)

　⇨ (오각형의 모든 변의 길이의 합)=6+6+6+6+6=30(cm)

94쪽

1 4

2 9

3 선분 ㄴㅁ
  / 선분 ㄴㅁ

4 선분 ㄷㅂ
  / 선분 ㄷㅂ

5 6 cm / 12 cm

6 8 cm / 16 cm

7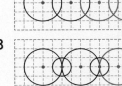

8

95쪽

9 2군데

10 3군데

11 12 cm

12 14 cm

13 3 cm

14 3 cm

15 24 cm

16 40 cm

---

7 원의 반지름은 변하지 않고, 원의 중심은 오른쪽으로 모눈 3칸씩 이동하는 규칙입니다.

8 원의 반지름은 모눈 2칸, 1칸이 반복되고, 원의 중심은 오른쪽으로 모눈 2칸씩 이동하는 규칙입니다.

11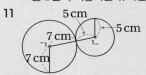

(선분 ㄱㄴ)=7+5=12(cm)

12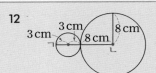

(선분 ㄱㄴ)=3+3+8=14(cm)

13 (작은 원의 반지름)=(큰 원의 반지름)÷4=12÷4=3(cm)

14 (작은 원의 반지름)=(큰 원의 반지름)÷5=15÷5=3(cm)

15 (삼각형의 한 변의 길이)=4×2=8(cm)
  ⇨ (삼각형의 세 변의 길이의 합)=8+8+8=24(cm)

16 (사각형의 한 변의 길이)=5×2=10(cm)
  ⇨ (사각형의 네 변의 길이의 합)=10+10+10+10=40(cm)

4. 분수

① 부분은 전체의 얼마인지 분수로 나타내기

1일차

98쪽

❶ 6, $\dfrac{1}{6}$

❷ 5, $\dfrac{2}{5}$

❸ 3, $\dfrac{2}{3}$

❹ 8, $\dfrac{3}{8}$

99쪽

❺ 2, $\dfrac{1}{2}$

❻ 4, $\dfrac{3}{4}$

❼ 3, $\dfrac{2}{3}$

❽ 6, $\dfrac{5}{6}$

② 자연수에 대한 분수만큼 알아보기

2일차

100쪽

❶ 2, 4

❷ 2, 6

❸ 3, 9

101쪽

❹ 2, 14

❺ 4, 8

❻ 3, 15

❼ 5, 25

③ 길이에 대한 분수만큼 알아보기

3일차

102쪽

❶ 3, 6

❷ 2, 10

❸ 3, 6

103쪽

❹ 2, 6

❺ 5, 20

❻ 3, 24

❼ 5, 25

④ 진분수, 가분수, 대분수

104쪽

❶ 진	❻ 진	⓫ 대
❷ 가	❼ 가	⓬ 가
❸ 대	❽ 가	⓭ 진
❹ 진	❾ 진	⓮ 대
❺ 대	❿ 대	⓯ 가

105쪽

⓰ $\frac{5}{8}$, $\frac{3}{7}$, $\frac{7}{10}$ / $\frac{13}{5}$, $\frac{20}{9}$, $\frac{5}{3}$ / $2\frac{1}{6}$, $3\frac{1}{4}$

⓱ $\frac{1}{4}$, $\frac{7}{9}$, $\frac{2}{11}$ / $\frac{9}{5}$, $\frac{7}{2}$ / $1\frac{2}{3}$, $3\frac{4}{7}$, $4\frac{3}{8}$

⓲ $\frac{5}{7}$, $\frac{4}{9}$, $\frac{3}{5}$ / $\frac{6}{6}$, $\frac{16}{9}$ / $5\frac{2}{5}$, $1\frac{3}{4}$, $3\frac{8}{13}$

⓳ $\frac{9}{14}$, $\frac{2}{7}$ / $\frac{5}{5}$, $\frac{9}{2}$, $\frac{13}{12}$ / $1\frac{5}{8}$, $2\frac{7}{10}$, $1\frac{4}{15}$

⑤ 대분수를 가분수로 나타내기

106쪽

❶ $\frac{5}{2}$	❻ $\frac{25}{7}$	⓫ $\frac{31}{10}$
❷ $\frac{5}{3}$	❼ $\frac{33}{7}$	⓬ $\frac{31}{12}$
❸ $\frac{17}{4}$	❽ $\frac{19}{8}$	⓭ $\frac{19}{14}$
❹ $\frac{12}{5}$	❾ $\frac{37}{8}$	⓮ $\frac{37}{18}$
❺ $\frac{29}{6}$	❿ $\frac{25}{9}$	⓯ $\frac{46}{21}$

⑥ 가분수를 대분수로 나타내기

107쪽

⓰ $1\frac{1}{2}$	㉑ $3\frac{1}{7}$	㉖ $2\frac{2}{11}$
⓱ $1\frac{1}{3}$	㉒ $2\frac{1}{8}$	㉗ $1\frac{5}{12}$
⓲ $2\frac{3}{4}$	㉓ $2\frac{7}{8}$	㉘ $2\frac{3}{14}$
⓳ $3\frac{4}{5}$	㉔ $1\frac{5}{9}$	㉙ $1\frac{3}{16}$
⓴ $3\frac{1}{6}$	㉕ $1\frac{7}{10}$	㉚ $2\frac{3}{20}$

⑦ 분모가 같은 가분수의 크기 비교

108쪽

❶ <	❻ >	⓫ >
❷ >	❼ <	⓬ <
❸ <	❽ <	⓭ >
❹ >	❾ >	⓮ <
❺ <	❿ <	⓯ >

⑧ 분모가 같은 대분수의 크기 비교

109쪽

⓰ >	㉑ >	㉖ >
⓱ <	㉒ <	㉗ >
⓲ >	㉓ <	㉘ <
⓳ <	㉔ >	㉙ <
⓴ >	㉕ <	㉚ <

⑨ 분모가 같은 가분수와 대분수의 크기 비교

110쪽

❶ < ❻ < ⑪ >
❷ < ❼ < ⑫ =
❸ = ❽ > ⑬ >
❹ > ❾ < ⑭ >
❺ > ❿ > ⑮ <

111쪽

⑯ < ㉓ < ㉚ >
⑰ < ㉔ < ㉛ >
⑱ < ㉕ > ㉜ <
⑲ < ㉖ < ㉝ >
⑳ > ㉗ > ㉞ >
㉑ < ㉘ > ㉟ <
㉒ > ㉙ < ㊱ <

⑩ 나눗셈과 곱셈을 이용하여 자연수의 분수만큼 구하기

⑪ 부분의 양을 이용하여 전체의 양 구하기

112쪽

❶ 4, 3, 9   ❺ 3, 2, 14
❷ 7, 3, 6   ❻ 9, 2, 8
❸ 5, 4, 12   ❼ 7, 5, 30
❹ 6, 5, 15   ❽ 8, 3, 21

❾ □$=2\times2=4$
❿ □$=8\div4\times7=14$
⑪ □$=9\div3\times4=12$
⑫ □$=9\div3\times5=15$
⑬ □$=12\div2\times3=18$

113쪽

❾ 4   ⑭ 18
❿ 14   ⑮ 21
⑪ 12   ⑯ 56
⑫ 15   ⑰ 27
⑬ 18   ⑱ 30

⑭ □$=15\div5\times6=18$
⑮ □$=18\div6\times7=21$
⑯ □$=21\div3\times8=56$
⑰ □$=24\div8\times9=27$
⑱ □$=27\div9\times10=30$

114쪽

❶ $7\frac{2}{3}$, $\frac{23}{3}$

❹ $3\frac{7}{9}$, $\frac{34}{9}$

❷ $6\frac{1}{5}$, $\frac{31}{5}$

❺ $4\frac{5}{9}$, $\frac{41}{9}$

❸ $7\frac{5}{6}$, $\frac{47}{6}$

❻ $4\frac{7}{8}$, $\frac{39}{8}$

115쪽

❼ $\frac{9}{2}$, $4\frac{1}{2}$

❿ $\frac{7}{4}$, $1\frac{3}{4}$

❽ $\frac{5}{3}$, $1\frac{2}{3}$

⓫ $\frac{9}{5}$, $1\frac{4}{5}$

❾ $\frac{8}{3}$, $2\frac{2}{3}$

⓬ $\frac{9}{7}$, $1\frac{2}{7}$

⑭ 분모가 같은 가분수와 대분수의 크기 비교 문장제

116쪽

❶ 5, 5, >, 파란색 / 파란색

❷ 1, 2, 1, 2, <, 소미 / 소미

117쪽

❸ 어제

❹ 학교

❺ 미소

❸ 하윤이가 어제 책을 읽은 시간을 가분수로 나타내면 $2\frac{1}{6}=\frac{13}{6}$입니다.

⇨ $\frac{13}{6}>\frac{11}{6}$이므로 책을 더 오래 읽은 날은 어제입니다.

❹ 지웅이네 집에서 학교까지의 거리를 가분수로 나타내면 $1\frac{3}{8}=\frac{11}{8}$

입니다.

⇨ $\frac{11}{8}<\frac{13}{8}$이므로 지웅이네 집에서 더 가까운 곳은 학교입니다.

❺ 은우가 사용한 찰흙의 수를 대분수로 나타내면 $\frac{20}{9}=2\frac{2}{9}$입니다.

⇨ $2\frac{2}{9}<2\frac{4}{9}$이므로 찰흙을 더 많이 사용한 사람은 미소입니다.

⑮ 남은 수를 구하는 문장제

118쪽

❶ $\frac{1}{3}$, 2, 2, 4 / 4개

❷ $\frac{3}{5}$, 6, 6, 4 / 4개

119쪽

❸ 21개

❹ 15장

❺ 7 cm

❸ 오전에 판 단팥빵은 28개의 $\frac{1}{4}$이므로 7개입니다.

⇨ (오전에 팔고 남은 단팥빵 수)=28−7=21(개)

❹ 누나에게 준 색종이는 40장의 $\frac{5}{8}$이므로 25장입니다.

⇨ (누나에게 주고 남은 색종이 수)=40−25=15(장)

❺ 선물을 포장하는 데 사용한 끈은 42 cm의 $\frac{5}{6}$이므로 35 cm입니다.

⇨ (선물을 포장하고 남은 끈의 길이)=42−35=7(cm)

⑯ 부분의 양을 이용하여 전체의 양을 구하는 문장제

12일 차

120쪽

❶ 6, 8 / 8조각
❷ 16, 28 / 28명

121쪽

❸ 12장
❹ 35 cm
❺ 144쪽

❸ 전체 색종이 수를 $\square$ 장이라 하면 $\square$ 장의 $\frac{5}{6}$ 가 10장입니다.
  ⇨ $\square = 10 \div 5 \times 6 = 12$

❹ 전체 철사 길이를 $\square$ cm라 하면 $\square$ cm의 $\frac{4}{5}$ 가 28 cm입니다.
  ⇨ $\square = 28 \div 4 \times 5 = 35$

❺ 문제집 전체 쪽수를 $\square$ 쪽이라 하면 $\square$ 쪽의 $\frac{2}{9}$ 가 32쪽입니다.
  ⇨ $\square = 32 \div 2 \times 9 = 144$

평가 4. 분수

13일 차

122쪽

1 4, $\frac{1}{4}$
2 2, 6
3 가
4 대
5 진

6 $\frac{17}{6}$
7 $\frac{10}{7}$
8 $2\frac{1}{4}$
9 $1\frac{5}{8}$
10 <
11 >
12 <

123쪽

13 10
14 $\frac{37}{5}$
15 $2\frac{1}{3}$

16 10자루
17 공원
18 27명

13 $\square = 6 \div 3 \times 5 = 10$

14 $7\frac{2}{5} = \frac{37}{5}$

15 $\frac{7}{3} = 2\frac{1}{3}$

16 친구에게 준 연필은 16자루의 $\frac{3}{8}$ 이므로 6자루입니다.
  ⇨ (친구에게 주고 남은 연필 수) $= 16 - 6 = 10$(자루)

17 수아네 집에서 공원까지의 거리를 대분수로 나타내면 $\frac{5}{4} = 1\frac{1}{4}$ 입니다.
  ⇨ $1\frac{1}{4} < 1\frac{3}{4}$ 이므로 수아네 집과 더 가까운 곳은 공원입니다.

18 윤후네 반 학생 수를 $\square$ 명이라 하면 $\square$ 명의 $\frac{4}{9}$ 가 12명입니다.
  ⇨ $\square = 12 \div 4 \times 9 = 27$

5. 들이와 무게

① 들이의 단위 1 L와 1 mL의 관계

1일 차

126쪽

❶ 4000
❷ 7000
❸ 13000
❹ 36000
❺ 1300
❻ 3900
❼ 10060
❽ 21100

127쪽

❾ 2
❿ 5
⓫ 8
⓬ 14
⓭ 20
⓮ 41
⓯ 57
⓰ 1, 200
⓱ 3, 300
⓲ 4, 800
⓳ 7, 50
⓴ 11, 600
㉑ 29, 5
㉒ 30, 90

② 들이의 덧셈

2일 차

128쪽

❶ 2 L 400 mL
❷ 5 L 600 mL
❸ 9 L 550 mL
❹ 8 L 950 mL
❺ 8 L 200 mL
❻ 9 L 500 mL
❼ 14 L 150 mL
❽ 14 L 420 mL

129쪽

❾ 2 L 800 mL
❿ 5 L 500 mL
⓫ 4 L 900 mL
⓬ 6 L 850 mL
⓭ 9 L 590 mL
⓮ 7 L 850 mL
⓯ 9 L 780 mL
⓰ 4 L 300 mL
⓱ 7 L 400 mL
⓲ 12 L
⓳ 9 L 640 mL
⓴ 8 L 150 mL
㉑ 11 L 200 mL
㉒ 11 L 320 mL

③ 들이의 뺄셈

3일 차

130쪽

❶ 2 L 400 mL
❷ 2 L 300 mL
❸ 1 L 350 mL
❹ 5 L 450 mL
❺ 1 L 900 mL
❻ 2 L 300 mL
❼ 1 L 650 mL
❽ 6 L 540 mL

131쪽

❾ 1 L 500 mL
❿ 1 L 100 mL
⓫ 300 mL
⓬ 4 L 150 mL
⓭ 7 L 50 mL
⓮ 7 L 240 mL
⓯ 6 L 450 mL
⓰ 3 L 550 mL
⓱ 1 L 700 mL
⓲ 5 L 300 mL
⓳ 7 L 600 mL
⓴ 3 L 780 mL
㉑ 5 L 590 mL
㉒ 6 L 380 mL

132쪽

❶ 3 L 300 mL　　　❺ 8 L 500 mL

❷ 7 L 700 mL　　　❻ 8 L 100 mL

❸ 5 L 960 mL　　　❼ 9 L 50 mL

❹ 9 L 750 mL　　　❽ 10 L 530 mL

133쪽

❾ 2 L 400 mL　　　⓭ 4 L 750 mL

❿ 3 L 700 mL　　　⓮ 5 L 200 mL

⓫ 4 L 350 mL　　　⓯ 6 L 900 mL

⓬ 4 L 150 mL　　　⓰ 5 L 520 mL

134쪽　❗ 정답을 위에서부터 확인합니다.

❶ 1, 600　　　❹ 4, 550

❷ 200, 5　　　❺ 800, 2

❸ 3, 700　　　❻ 900, 4

135쪽

❼ 3, 200　　　❿ 7, 750

❽ 900, 1　　　⓫ 300, 2

❾ 6, 900　　　⓬ 100, 5

❶ ・mL 단위: $300+\square=900, \square=600$
　・L 단위: $\square+7=8, \square=1$

❷ ・mL 단위: $\square+100=300, \square=200$
　・L 단위: $2+\square=7, \square=5$

❸ ・mL 단위: $500+\square=200+1000, \square=700$
　・L 단위: $1+\square+3=7, \square=3$

❹ ・mL 단위: $800+\square=350+1000, \square=550$
　・L 단위: $1+\square+4=9, \square=4$

❺ ・mL 단위: $\square+600=400+1000, \square=800$
　・L 단위: $1+5+\square=8, \square=2$

❻ ・mL 단위: $\square+250=150+1000, \square=900$
　・L 단위: $1+6+\square=11, \square=4$

❼ ・mL 단위: $800-\square=600, \square=200$
　・L 단위: $\square-2=1, \square=3$

❽ ・mL 단위: $\square-500=400, \square=900$
　・L 단위: $4-\square=3, \square=1$

❾ ・mL 단위: $1000+200-\square=300, \square=900$
　・L 단위: $\square-1-4=1, \square=6$

❿ ・mL 단위: $1000+550-\square=800, \square=750$
　・L 단위: $\square-1-5=1, \square=7$

⓫ ・mL 단위: $1000+\square-600=700, \square=300$
　・L 단위: $8-1-\square=5, \square=2$

⓬ ・mL 단위: $1000+\square-850=250, \square=100$
　・L 단위: $9-1-\square=3, \square=5$

⑧ 들이의 덧셈 문장제

6일차

136쪽

❶ 1 L 200 mL＋1 L 700 mL＝2 L 900 mL
/ 2 L 900 mL

❷ 2 L 600 mL＋3 L 560 mL＝6 L 160 mL
/ 6 L 160 mL

137쪽

❸ 4 L 300 mL＋2 L 600 mL＝6 L 900 mL
/ 6 L 900 mL

❹ 5 L 900 mL＋1 L 400 mL＝7 L 300 mL
/ 7 L 300 mL

❺ 5400 mL＋1 L 790 mL＝7 L 190 mL
/ 7 L 190 mL

❶ (포도 주스와 감귤 주스의 양의 합)
＝(포도 주스의 양)＋(감귤 주스의 양)
＝1 L 200 mL＋1 L 700 mL
＝2 L 900 mL

❷ (물통에 들어 있는 물의 양)
＝(찬물의 양)＋(더운물의 양)
＝2 L 600 mL＋3 L 560 mL
＝6 L 160 mL

❸ (사용한 우유와 식용유의 양의 합)
＝(사용한 우유의 양)＋(사용한 식용유의 양)
＝4 L 300 mL＋2 L 600 mL
＝6 L 900 mL

❹ (수조에 들어 있는 물의 양)
＝(처음에 들어 있던 물의 양)＋(더 부은 물의 양)
＝5 L 900 mL＋1 L 400 mL
＝7 L 300 mL

❺ (소금물과 설탕물의 양의 합)
＝(소금물의 양)＋(설탕물의 양)
＝5400 mL＋1 L 790 mL
＝5 L 400 mL＋1 L 790 mL
＝7 L 190 mL

⑨ 들이의 뺄셈 문장제

7일차

138쪽

❶ 2 L 500 mL－1 L 400 mL＝1 L 100 mL
/ 1 L 100 mL

❷ 5 L 200 mL－3 L 900 mL＝1 L 300 mL
/ 1 L 300 mL

139쪽

❸ 2 L 700 mL－1 L 300 mL＝1 L 400 mL
/ 1 L 400 mL

❹ 6 L 600 mL－1 L 750 mL＝4 L 850 mL
/ 4 L 850 mL

❺ 5000 mL－3 L 920 mL＝1 L 80 mL
/ 1 L 80 mL

❶ (남은 식초의 양)
＝(처음에 있던 식초의 양)－(사용한 식초의 양)
＝2 L 500 mL－1 L 400 mL
＝1 L 100 mL

❷ (어제 마신 물의 양)－(오늘 마신 물의 양)
＝5 L 200 mL－3 L 900 mL
＝1 L 300 mL

❸ (지우가 받은 물의 양)－(상미가 받은 물의 양)
＝2 L 700 mL－1 L 300 mL
＝1 L 400 mL

❹ (남은 물의 양)
＝(처음에 부은 물의 양)－(덜어 낸 물의 양)
＝6 L 600 mL－1 L 750 mL
＝4 L 850 mL

❺ (더 채워야 하는 간장의 양)
＝(항아리의 들이)－(들어 있는 간장의 양)
＝5000 mL－3 L 920 mL
＝5 L－3 L 920 mL
＝1 L 80 mL

⑩ 들이의 덧셈과 뺄셈 문장제

8일 차

140쪽

❶ 6, 500, 6, 500, 3, 100 / 3 L 100 mL

❷ 1, 400, 1, 400, 2, 900 / 2 L 900 mL

141쪽

❸ 3 L 900 mL

❹ 4 L 500 mL

❺ 1 L 850 mL

❸ (㉠ 물통과 ㉡ 물통에 들어 있는 물의 양의 합)
  = 1 L 700 mL + 2 L 800 mL
  = 4 L 500 mL
  ⇨ (수조의 들이)
    = 4 L 500 mL − 600 mL
    = 3 L 900 mL

❹ (사용하고 남은 꿀의 양)
  = 3 L 100 mL − 1 L 300 mL = 1 L 800 mL
  ⇨ (하은이네 집에 있는 꿀의 양)
    = 1 L 800 mL + 2 L 700 mL = 4 L 500 mL

❺ (쿠키를 만들고 남은 우유의 양)
  = 6 L 500 mL − 1 L 700 mL = 4 L 800 mL
  ⇨ (빵을 만들고 남은 우유의 양)
    = 4 L 800 mL − 2 L 950 mL = 1 L 850 mL

⑪ 무게의 단위 1 kg, 1 g, 1 t의 관계

9일 차

142쪽

❶ 2000
❷ 3000
❸ 23000
❹ 35000
❺ 1700
❻ 7030
❼ 19600
❽ 43055

143쪽

❾ 4
❿ 8
⓫ 17
⓬ 1, 600
⓭ 3, 500
⓮ 7, 20
⓯ 24, 390
⓰ 2000
⓱ 4000
⓲ 12000
⓳ 3
⓴ 5
㉑ 8
㉒ 19

⑫ 무게의 덧셈

10일 차

144쪽

❶ 5 kg 400 g
❷ 7 kg 800 g
❸ 9 kg 750 g
❹ 8 kg 870 g
❺ 7 kg 500 g
❻ 7 kg 200 g
❼ 10 kg 350 g
❽ 14 kg 150 g

145쪽

❾ 4 kg 900 g
❿ 4 kg 500 g
⓫ 8 kg 600 g
⓬ 6 kg 750 g
⓭ 8 kg 850 g
⓮ 10 kg 680 g
⓯ 8 kg 790 g
⓰ 5 kg 400 g
⓱ 7 kg
⓲ 8 kg 260 g
⓳ 11 kg 200 g
⓴ 9 kg 150 g
㉑ 11 kg 10 g
㉒ 17 kg 410 g

⑬ 무게의 뺄셈

146쪽

❶ 2 kg 700 g
❷ 2 kg 100 g
❸ 4 kg 350 g
❹ 8 kg 140 g

❺ 2 kg 700 g
❻ 5 kg 900 g
❼ 4 kg 850 g
❽ 3 kg 560 g

147쪽

❾ 1 kg 200 g
❿ 2 kg 200 g
⓫ 2 kg 700 g
⓬ 3 kg 350 g
⓭ 6 kg 250 g
⓮ 4 kg 520 g
⓯ 7 kg 120 g

⓰ 1 kg 900 g
⓱ 1 kg 800 g
⓲ 3 kg 500 g
⓳ 3 kg 750 g
⓴ 2 kg 550 g
㉑ 6 kg 830 g
㉒ 9 kg 650 g

⑭ 무게의 합 구하기

⑮ 무게의 차 구하기

148쪽

❶ 3 kg 400 g
❷ 7 kg 900 g
❸ 6 kg 450 g
❹ 10 kg 600 g

❺ 6 kg 100 g
❻ 6 kg 600 g
❼ 9 kg 550 g
❽ 17 kg 40 g

149쪽

❾ 1 kg 600 g
❿ 3 kg 100 g
⓫ 2 kg 150 g
⓬ 6 kg 630 g

⓭ 800 g
⓮ 4 kg 700 g
⓯ 6 kg 650 g
⓰ 7 kg 740 g

⑯ 무게의 덧셈식 완성하기

⑰ 무게의 뺄셈식 완성하기

150쪽 ❗ 정답을 위에서부터 확인합니다.

❶ 2, 100
❷ 200, 2
❸ 4, 900

❹ 5, 800
❺ 500, 1
❻ 750, 3

151쪽

❼ 2, 100
❽ 500, 2
❾ 4, 900

❿ 6, 750
⓫ 300, 2
⓬ 700, 4

❶ • g 단위: 100+□=200, □=100
　 • kg 단위: □+5=7, □=2
❷ • g 단위: □+600=800, □=200
　 • kg 단위: 3+□=5, □=2
❸ • g 단위: 400+□=300+1000, □=900
　 • kg 단위: 1+□+1=6, □=4
❹ • g 단위: 350+□=150+1000, □=800
　 • kg 단위: 1+□+3=9, □=5
❺ • g 단위: □+600=100+1000, □=500
　 • kg 단위: 1+6+□=8, □=1
❻ • g 단위: □+800=550+1000, □=750
　 • kg 단위: 1+7+□=11, □=3

❼ • g 단위: 900−□=800, □=100
　 • kg 단위: □−1=1, □=2
❽ • g 단위: □−200=300, □=500
　 • kg 단위: 3−□=1, □=2
❾ • g 단위: 1000+200−□=300, □=900
　 • kg 단위: □−1−1=2, □=4
❿ • g 단위: 1000+100−□=350, □=750
　 • kg 단위: □−1−2=3, □=6
⓫ • g 단위: 1000+□−400=900, □=300
　 • kg 단위: 6−1−□=3, □=2
⓬ • g 단위: 1000+□−950=750, □=700
　 • kg 단위: 7−1−□=2, □=4

⑱ 무게의 덧셈 문장제

14일 차

152쪽

❶ 1 kg 500 g＋2 kg 400 g＝3 kg 900 g
/ 3 kg 900 g

❷ 3 kg 800 g＋2 kg 600 g＝6 kg 400 g
/ 6 kg 400 g

❶ (진수와 현호가 사용한 찰흙의 무게의 합)
＝(진수가 사용한 찰흙의 무게)＋(현호가 사용한 찰흙의 무게)
＝1 kg 500 g＋2 kg 400 g
＝3 kg 900 g

❷ (집에 있는 고구마의 무게)
＝(처음에 있던 고구마의 무게)＋(더 사 온 고구마의 무게)
＝3 kg 800 g＋2 kg 600 g
＝6 kg 400 g

153쪽

❸ 8 kg 600 g＋1 kg 200 g＝9 kg 800 g
/ 9 kg 800 g

❹ 30 kg 400 g＋3 kg 850 g＝34 kg 250 g
/ 34 kg 250 g

❺ 2 kg 900 g＋1260 g＝4 kg 160 g / 4 kg 160 g

❸ (쌀의 무게)
＝(콩의 무게)＋1 kg 200 g
＝8 kg 600 g＋1 kg 200 g
＝9 kg 800 g

❹ (유희의 몸무게)＋(강아지의 무게)
＝30 kg 400 g＋3 kg 850 g
＝34 kg 250 g

❺ (소금과 설탕의 무게의 합)
＝(소금의 무게)＋(설탕의 무게)
＝2 kg 900 g＋1260 g
＝2 kg 900 g＋1 kg 260 g
＝4 kg 160 g

⑲ 무게의 뺄셈 문장제

15일 차

154쪽

❶ 7 kg 300 g－5 kg 200 g＝2 kg 100 g
/ 2 kg 100 g

❷ 9 kg 500 g－6 kg 650 g＝2 kg 850 g
/ 2 kg 850 g

❶ (남은 귤의 무게)
＝(처음에 있던 귤의 무게)－(먹은 귤의 무게)
＝7 kg 300 g－5 kg 200 g
＝2 kg 100 g

❷ (유겸이가 캔 감자의 무게)－(라희가 캔 감자의 무게)
＝9 kg 500 g－6 kg 650 g
＝2 kg 850 g

155쪽

❸ 8 kg 600 g－7 kg 500 g＝1 kg 100 g
/ 1 kg 100 g

❹ 34 kg 500 g－32 kg 800 g＝1 kg 700 g
/ 1 kg 700 g

❺ 19 kg 200 g－9300 g＝9 kg 900 g / 9 kg 900 g

❸ (장난감의 무게)
＝(처음 가방의 무게)－(장난감을 뺀 후 가방의 무게)
＝8 kg 600 g－7 kg 500 g
＝1 kg 100 g

❹ (민주의 몸무게)－(영아의 몸무게)
＝34 kg 500 g－32 kg 800 g
＝1 kg 700 g

❺ (의자의 무게)
＝(책상의 무게)－9300 g
＝19 kg 200 g－9300 g
＝19 kg 200 g－9 kg 300 g
＝9 kg 900 g

㉒ 무게의 덧셈과 뺄셈 문장제

156쪽

❶ 10, 8, 4, 4, 6 / 6 kg
❷ 26, 13, 13, 7 / 7 kg

❸ ㉯ 철근의 무게: ☐ kg
　㉮ 철근의 무게: (☐+12) kg
　⇨ (☐+12)+☐=50, ☐+☐=38, ☐=19
　따라서 ㉮ 철근의 무게는 19+12=31(kg)입니다.

157쪽

❸ 31 kg
❹ 30 kg
❺ 260 g

❹ 하진이의 몸무게: ☐ kg
　소율이의 몸무게: (☐−4) kg
　⇨ (☐−4)+☐=64, ☐+☐=68, ☐=34
　따라서 소율이의 몸무게는 34−4=30(kg)입니다.

❺ 유민이가 사용한 설탕의 무게: ☐ g
　연아가 사용한 설탕의 무게: (☐−40) g
　⇨ (☐−40)+☐=560, ☐+☐=600, ☐=300
　따라서 연아가 사용한 설탕의 무게는 300−40=260(g)입니다.

평가 5. 들이와 무게

158쪽

1　1000
2　4900
3　8, 20
4　5 L 900 mL
5　2 L 500 mL
6　9 L 100 mL
7　6 L 820 mL
8　6000
9　7, 110
10　9
11　7 kg 700 g
12　6 kg 400 g
13　10 kg 150 g
14　2 kg 540 g

159쪽

15　6 L 300 mL
　　+3 L 400 mL
　　=9 L 700 mL
　　/ 9 L 700 mL
16　3 L 700 mL
　　−1 L 200 mL
　　=2 L 500 mL
　　/ 2 L 500 mL
17　3 L 200 mL

18　2 kg 600 g
　　+1 kg 100 g
　　=3 kg 700 g
　　/ 3 kg 700 g
19　7 kg 200 g
　　−5 kg 400 g
　　=1 kg 800 g
　　/ 1 kg 800 g
20　5 kg

15 (수조에 들어 있는 물의 양)
　=(처음에 들어 있던 물의 양)+(더 부은 물의 양)
　=6 L 300 mL+3 L 400 mL
　=9 L 700 mL
16 (식용유의 양)−(참기름의 양)
　=3 L 700 mL−1 L 200 mL
　=2 L 500 mL
17 (매실주스의 양)
　=4 L 250 mL+1 L 850 mL
　=6 L 100 mL
　⇨ (남은 매실주스의 양)
　　=6 L 100 mL−2 L 900 mL
　　=3 L 200 mL

18 (밀가루와 설탕의 무게의 합)
　=(밀가루의 무게)+(설탕의 무게)
　=2 kg 600 g+1 kg 100 g
　=3 kg 700 g
19 (남은 양파의 무게)
　=(처음에 있던 양파의 무게)−(사용한 양파의 무게)
　=7 kg 200 g−5 kg 400 g
　=1 kg 800 g
20 지호가 사용한 지점토의 무게: ☐ kg
　명수가 사용한 지점토의 무게: (☐+2) kg
　⇨ (☐+2)+☐=8, ☐+☐=6, ☐=3
　따라서 명수가 사용한 지점토의 무게는 3+2=5(kg)입니다.

6. 자료의 정리

① 표에서 알 수 있는 내용

162쪽

❶ 4개

❷ 풀

❸ 5개

❹ 가위, 지우개, 자, 풀

163쪽

❺ (위에서부터) 15, 3

❻ 27명

❼ 김밥

❽ 예 떡볶이

② 그림그래프

164쪽

❶ 10명 / 1명

❷ 33명

❸ 호주

165쪽

❹ 140명

❺ 희망 마을, 220명

❻ 80명

❼ 보람 마을, 행복 마을, 사랑 마을, 희망 마을

③ 그림그래프로 나타내기

166쪽

❶ 예 2가지

❷

모둠별 모은 빈 병 수

모둠	빈 병 수
가	◎◎○○○○○
나	◎○○
다	◎○○○○○○○○
라	◎◎○○

◎ 10병
○ 1병

167쪽

❸

학생들이 좋아하는 계절

계절	학생 수
봄	◎◎○○○○○○○
여름	◎◎○○○○○
가을	◎◎◎◎○○
겨울	◎◎

◎ 10명　○ 1명

❹

학생들이 좋아하는 계절

계절	학생 수
봄	◎◎△○○
여름	◎△○
가을	◎◎○○○
겨울	◎◎

◎ 10 명 △ 5 명 ○ 1 명

❺

일주일 동안 팔린 음식의 수

종류	음식의 수
볶음밥	◎◎○○
불고기	◎○○○○○
갈비탕	◎○○○○○○○○○
만둣국	○○○○○○○○

◎ 100그릇　○ 10그릇

❻

일주일 동안 팔린 음식의 수

종류	음식의 수
볶음밥	◎◎○○
불고기	◎△
갈비탕	◎△○○○○
만둣국	△○○○

◎ 100 그릇 △ 50 그릇 ○ 10 그릇

168쪽

❶ 사이다　　　　❷ 영어

169쪽

❸ 16, 10 /

학생들의 혈액형

혈액형	학생 수
A형	◎◎◎◎
B형	◎○○○○○
O형	◎◎○○○○
AB형	◎

◎10명　○1명

❹ 310, 230 /

마을별 쌀 생산량

마을	생산량
가	◎◎◎◎○
나	◎◎○○○○○○
다	◎◎○○○
라	◎○○○○○○○

◎100 kg　○10 kg

❶ 좋아하는 음료수별 학생 수를 구하면
주스는 32명, 콜라는 24명, 사이다는 41명,
식혜는 15명이므로 가장 많은 학생들이 좋아하는
음료수는 사이다입니다.
➪ 가장 많이 준비해야 할 음료수: 사이다

❷ 배우고 싶어 하는 외국어별 학생 수를 구하면
영어는 500명, 중국어는 350명,
스페인어는 230명, 일본어는 160명이므로
가장 많은 학생들이 배우고 싶어 하는 외국어는 영어
입니다.
➪ 가장 많은 강좌를 준비해야 할 외국어: 영어

❸ ·A형: 40명이므로 ◎ 4개를 그립니다.
·O형: 24명이므로 ◎ 2개, ○ 4개를 그립니다.
·B형: ◎이 1개, ○이 6개이므로 16명입니다.
·AB형: ◎이 1개이므로 10명입니다.

❹ ·나 마을: 260 kg이므로 ◎ 2개, ○ 6개를 그립니다.
·라 마을: 170 kg이므로 ◎ 1개, ○ 7개를 그립니다.
·가 마을: ◎이 3개, ○이 1개이므로 310 kg입니다.
·다 마을: ◎이 2개, ○이 3개이므로 230 kg입니다.

170쪽

❶ 21마리　　　　❷ 140권

171쪽

❸ 15개　　　　❹ 26번

❶ 햇빛 농장에서 기르는 오리 15마리를 🦆 1개, 🐤 5개로
나타내었으므로 🦆 은 10마리, 🐤 은 1마리를 나타냅니다.
➪ 바다 농장에서 기르는 오리의 수: 21마리

❷ 동화책 260권을 📗 2개, 📕 6개로 나타내었으므로
📗 은 100권, 📕 은 10권을 나타냅니다.
➪ 소설책의 수: 140권

❸ (네 마을의 전체 감자 생산량)=26+35+17+42=120(kg)
➪ (필요한 상자의 수)=120÷8=15(개)

❹ (네 동의 전체 쓰레기 배출량)=16+25+9+28=78(t)
➪ (트럭으로 옮겨야 하는 횟수)=78÷3=26(번)

172쪽

1 23

2 2반, 4반,
1반, 3반

3 10자루 / 1자루

4 예준, 23자루

5 색깔별 구슬 수

색깔	구슬 수
빨간색	◎◎◎◎○○○
노란색	◎◎○○○○○○
초록색	◎◎◎○○○○○
파란색	◎◎◎◎○

◎10개 ○1개

6 색깔별 구슬 수

색깔	구슬 수
빨간색	◎◎◎◎○○○
노란색	◎◎△○○
초록색	◎◎◎△
파란색	◎◎◎◎○

◎⌈10⌉개 △⌈5⌉개 ○⌈1⌉개

173쪽

7 장미

8 8, 15 /

월별 비 온 날수

월	비 온 날수
3월	◎
4월	○○○○○○○○
5월	◎○○
6월	◎○○○○○

◎10일 ○1일

9 17명

10 20개

---

1 (4반의 안경을 쓴 학생 수)=87-20-25-19=23(명)

2 25>23>20>19이므로 학생이 많은 반부터 순서대로 쓰면 2반, 4반, 1반, 3반입니다.

4 ✏의 수가 가장 많은 사람은 예준이고, ✏이 2개, ✏이 3개 이므로 23자루입니다.

7 꽃 가게에서 일주일 동안 팔린 꽃의 수를 구하면 튤립은 280송이, 장미는 420송이, 국화는 310송이, 수국은 160송이이므로 가장 많이 팔린 꽃은 장미입니다.
⇨ 가장 많이 준비해야 할 꽃: 장미

8 • 3월: 10일 ⇨ ◎ 1개
• 5월: 12일 ⇨ ◎ 1개, ○ 2개
• 4월: ○이 8개 ⇨ 8일
• 6월: ◎이 1개, ○이 5개 ⇨ 15일

9 기타 25명을 😊 2개, 😊 5개로 나타내었으므로
😊은 10명, 😊은 1명을 나타냅니다.
⇨ 드럼을 배우고 싶어 하는 학생 수: 17명

10 (네 과수원의 전체 포도 생산량)=19+24+31+26=100(kg)
⇨ (필요한 상자의 수)=100÷5=20(개)